SiC纤维增强钛基复合材料界面原子尺度研究

李 健 著

中国石化出版社

图书在版编目(CIP)数据

SiC 纤维增强钛基复合材料界面原子尺度研究 / 李健著. —北京:中国石化出版社, 2022.9
ISBN 978-7-5114-6859-8

Ⅰ. ①S… Ⅱ. ①李… Ⅲ. ①钛基合金-纤维增强复合材料-研究 Ⅳ. ①TB334

中国版本图书馆 CIP 数据核字(2022)第 163566 号

中国石化出版社出版发行
地址:北京市东城区安定门外大街 58 号
邮编:100011 电话:(010)57512500
发行部电话:(010)57512575
http://www.sinopec-press.com
E-mail:press@sinopec.com
北京柏力行彩印有限公司印刷
全国各地新华书店经销

*

710×1000 毫米 16 开本 10 印张 163 千字
2022 年 9 月第 1 版 2022 年 9 月第 1 次印刷
定价:82.00 元

前　言

连续 SiC 纤维增强钛基复合材料(也称 SiC_f/Ti 基复合材料)具有良好的力学性能和热稳定性，在航空航天工业中具有重要的应用价值。SiC 与 Ti 基体之间的界面对复合材料的整体性能具有显著影响。由于 Ti 和 C、Si 等非金属元素之间存在较大的化学反应倾向，在复合材料的制备和高温服役过程中，在 SiC 与 Ti 界面处易形成界面反应层。目前，对该界面的研究主要是界面反应机理、反应层物相及其组织结构的实验研究，以及界面力学性能的实验测试和理论模拟。然而，上述这些研究多侧重于宏观或介观尺度，从而有必要在更加微观的尺度下进一步开展研究。此外，对于复合材料，研究者们期望开发出某种数学或数值模型，能够由组分和微观组织性能预测得到复合材料的宏观有效性能。对此，一种切合实际的方法就是多尺度模拟，并使用某种方法将微观模型和宏观模型的信息耦合在一起。本书正是 SiC_f/Ti 基复合材料界面跨尺度模拟中有关原子(或电子)尺度的模拟研究。

SiC 与 Ti 基体的界面反应产物较为复杂，其中 TiC 是一个最基本和最主要的组分，此外，SiC 纤维常常预制有碳涂层，因此，纤维与基体界面可以抽象为 SiC/C/TiC/Ti 界面体系。据此，采用基于密度泛函平面波超软赝势的第一性原理计算方法，从原子或电子尺度出发，考察了 SiC/Ti、SiC/TiC、TiC/Ti 界面，同时，采用类金刚石碳(Diamond - Like Carbon，简称 DLC)对碳涂层近似建模，考察了 DLC/SiC、DLC/TiC 的(111)界面。分别计算了这些界面的黏附功、界面能、界面电子结构，明确了其平衡(最稳定)原子构型和界面成键本质，预测了部分界面的断裂韧性。此外，还模拟了碳原子在SiC(111)表面的初始沉积过程，考察了碳层的最稳定沉积构型。本书的主要研究内容及成果归纳如下：

(1) 考察了碳封端SiC(111)表面形成的六种β-SiC(111)/α-Ti(0001)界面模型，其中考虑了三种界面原子堆垛位置(中心位、孔穴位、顶位)和两种Ti原子堆垛倾斜方向。孔穴位堆垛界面(Ti原子堆垛于界面C原子的孔穴位置上)具有最大的黏附功和最小的界面能，也具有更大的界面断裂韧性，在热力学上更稳定。电子结构分析表明，该界面的C、Si和Ti原子间形成了键合作用，且C-Ti共价键的贡献更大。Ti原子堆垛倾斜方向(即Ti原子堆垛方式)对界面稳定性、界面结合强度的影响较微弱。

(2) 分别考虑了两种TiC(111)表面封端，以及三种界面原子堆垛位置，共对六种α-Ti(0001)/TiC(111)界面模型进行了研究。在充分弛豫优化后，C封端孔穴位堆垛模型和Ti封端中心位堆垛模型均具有相同的外延取向特征，这两种模型可视为同一个界面的TiC和Ti侧，且该界面模型具有最大的界面黏附功，为最稳定界面构型。负的界面能表明，在该界面上易于发生原子扩散，甚至形成新相。理论预测其最大界面断裂韧性为4.8MPa·$m^{1/2}$。根据价电子密度和分波态密度(PDOS)分析，该界面成键主要来自C-2p、Ti-3d电子之间的C—Ti共价键和Ti—Ti金属键。

(3) 对于β-SiC/TiC(111)界面，分别考虑了两种TiC(111)封端、两种SiC(111)封端、两种碳原子亚晶格构型、三种界面堆垛位置，共对24种β-SiC/TiC(111)界面模型进行了计算。C—C封端顶位堆垛模型具有最大的黏附功、最小的界面能，是最稳定的界面构型。理论预测其界面断裂韧性为3.6~4.3MPa·$m^{1/2}$。该界面成键主要是由C-2p轨道杂化引起的C—C共价作用。相比于体相内部的原子键，界面处Si—C键和Ti—C键的共价特征较弱，即界面处的原子键更易于分解，而分解产生的碳原子聚集于界面处形成碳层，该理论预测与以往其他研究者的实验结果是一致的。

(4) 模拟了碳原子在C封端和Si封端SiC(111)表面上的沉积过程，通过计算平均结合能，考察了碳原子的最优沉积位置(或最稳定原子构型)。结果表明，在两种封端的SiC(111)表面，第一层碳原子均倾向于沉积在顶位位置，且在靠近SiC(111)表面处，碳原子保持了SiC的原子堆垛次序(亦与金刚石堆垛次序相同)，最终在类金刚石碳层与SiC(111)表面之间形成“外延生长”界面。但该最优沉积构型的“优先性”非常有限，随着沉积碳原子层不断增厚，并在外界因素的扰动和影响下，碳原子会以次优堆垛方式(甚至可能以不稳定堆垛方式)排列，从而当沉积碳层较厚时，易于形成无序的非晶碳层。

(5) 根据碳原子沉积的模拟结果，建模计算了C封端和Si封端的DLC/SiC(111)界面。平衡构型中，C封端和Si封端的界面间距分别为1.542Å和1.875Å，与金刚石中的C—C键长和SiC中的C—Si键长相近，DLC碳层弛豫后密度增大到约$2.5g/cm^3$。C封端和Si封端的界面黏附功分别为$8.86J/m^2$和$8.64J/m^2$，小于金刚石但大于β-SiC的相应值。C封端界面处C—C原子成键是类似于$\sigma+\pi$的共价键，其中由$s-p$电子作用所形成的σ键较强。此外，相比于C封端界面处的C—C原子成键，Si封端界面处C—Si原子间的成键较弱。

(6) 分别考虑了三种界面堆垛位置和两种碳原子亚晶格构型，共对六种C封端DLC/TiC(111)界面模型进行了计算。堆垛位置对界面稳定性具有显著影响，顶位堆垛DLC/TiC(111)界面具有较大的界面黏附功($8.76\sim8.99J/m^2$)，因此更稳定；碳原子亚晶格的影响较小，在堆垛位置相同时，孪生型碳原子亚晶格模型的黏附功和稳定性稍大。在顶位堆垛且具有孪生型碳原子亚晶格的界面模型中，界面成键主要是C—C原子对的 $s-p$ 共价键和C—Ti原子对的 $p-d$、$s-d$ 共价键。

(7)分别考虑了三种界面堆垛位置和两种碳原子亚晶格构型，共对六种C封端DLC/TiC(111)界面模型进行了计算。堆垛位置对界面稳定性具有显著影响，顶位堆垛DLC/TiC(111)界面具有较大的界面黏附功($8.76 \sim 8.99 J/m^2$)，因此更稳定；碳原子亚晶格的影响较小，在堆垛位置相同时，孪生型碳原子亚晶格模型的黏附功和稳定性稍大。在顶位堆垛且具有孪生型碳原子亚晶格的界面模型中，界面成键主要是C—C原子对的 $s-p$ 共价键和C—Ti原子对的 $p-d$、$s-d$ 共价键。

(8)考虑了两种可能的界面反应产物 Al_2MgC_2 和 Al_4C_3，分别研究了SiC(111)/Al_2MgC_2(0001)和SiC(111)/ Al_4C_3(0001)界面。黏附功计算结果表明，两种界面均为顶位堆垛和Si/C封端具有最大的热力学优先性。二者的界面强度主要由Si—C原子之间的共价键所贡献，该共价键则主要来自Si、C原子之间的 p 轨道电子相互作用。

本书由西安石油大学优秀学术著作出版基金资助出版。本书在撰写过程中得到同事和同行专家的大力支持和鼓励，特别感谢西北工业大学杨延清教授在本书成稿过程中的悉心指导，谨致以衷心谢忱。中国石化出版社的编辑为本书的出版做了大量艰辛而卓有成效的工作。由于笔者水平和编写时间有限，书中难免有不妥之处，敬请读者批评指正。

目　　录

第 1 章　概　述 ……………………………………………………………… (1)
1.1　界面热力学简介 ……………………………………………………… (1)
1.2　金属基复合材料界面的基本理论 …………………………………… (2)
1.3　SiC_f/Ti 基复合材料及其界面研究进展 ……………………………… (6)
1.4　计算机模拟在凝聚相界面中的应用 ………………………………… (15)
1.5　SiC_f/Ti 基复合材料界面性能研究存在的问题 ……………………… (21)
第 2 章　第一性原理基本理论及计算软件简介 …………………………… (23)
2.1　量子理论基础 ………………………………………………………… (23)
2.2　计算软件及建模方法 ………………………………………………… (35)
第 3 章　β-SiC(111)/α-Ti(0001)界面第一性原理研究 ……………………… (38)
3.1　简述 …………………………………………………………………… (38)
3.2　研究过程细节 ………………………………………………………… (39)
3.3　结果和讨论 …………………………………………………………… (46)
第 4 章　TiC(111)/α-Ti(0001)界面第一性原理研究 ……………………… (57)
4.1　简述 …………………………………………………………………… (57)
4.2　研究过程细节 ………………………………………………………… (58)
4.3　结果和讨论 …………………………………………………………… (63)
第 5 章　β-SiC/TiC(111)界面第一性原理研究 ……………………………… (73)
5.1　简述 …………………………………………………………………… (73)
5.2　研究过程 ……………………………………………………………… (74)
5.3　结果和讨论 …………………………………………………………… (79)

第 6 章　β - SiC(111)表面碳沉积的第一性原理研究 …………………… (91)
6.1　简述 …………………… (91)
6.2　研究过程细节 …………………… (92)
6.3　结果和讨论 …………………… (95)
第 7 章　DLC/β - SiC(111)界面的第一性原理研究 …………………… (107)
7.1　简述 …………………… (107)
7.2　研究过程细节 …………………… (108)
7.3　结果和讨论 …………………… (109)
第 8 章　DLC/TiC(111)界面的第一性原理研究 …………………… (115)
8.1　简述 …………………… (115)
8.2　研究过程 …………………… (116)
8.3　结果和讨论 …………………… (119)
第 9 章　β - SiC(111)/Al_2MgC_2(0001)界面的第一性原理研究 …………………… (124)
9.1　简述 …………………… (124)
9.2　研究方法与细节 …………………… (125)
9.3　体相计算 …………………… (125)
9.4　结果与讨论 …………………… (131)
第 10 章　SiC(111)/Al_4C_3(0001)界面的第一性理论研究 …………………… (139)
10.1　简述 …………………… (139)
10.2　计算方法 …………………… (140)
10.3　结果与讨论 …………………… (143)

参考文献 …………………… (151)

第1章 概 述

1.1 界面热力学简介

界面实质上是两相接触边界上所存在的具有一定厚度的过渡区，在这个过渡区内，从结构、能量、组成等方面呈现出由一个相到另一个相的梯度变化，也由此衍生出了界面相或界面层的概念。但在界面的理论研究中，为了使问题得以简化，又常常把界面抽象为一个厚度为零的截然分界面。在热力学中，经常需要考察两相界面的润湿性和稳定性，通常用表面能、界面能、界面黏附功等热力学量来进行表征。

通常把凝聚相和气相(或真空)之间的界面也称为表面。考虑到表面处的原子比体相原子具有更多能量，根据热力学第一定律和热力学第二定律，表面体系吉布斯自由能的改变量 $\mathrm{d}G$ 可表达为：

$$\mathrm{d}G = -S\mathrm{d}T + V\mathrm{d}p + \gamma_s \mathrm{d}A_s + \sum_B \mu_B \mathrm{d}n_B \tag{1-1}$$

式中 S——熵；

T——温度；

V——体积；

p——压强；

μ_B、n_B——组分B的化学势和物质的量；

γ_s——单位面积的表面能；

A_s——表面积。

在等温等压条件下，若每种组分的物质量也不变，则：

$$\gamma_s = \left(\frac{\mathrm{d}G}{\mathrm{d}A_s}\right)_{T,p} \tag{1-2}$$

可见，固相晶体的表面能(γ_s)可视为：在等温等压条件下，将晶体沿某晶面分割为两半时，形成单位面积新表面所需要的吉布斯自由能。表面能可用来衡量表面的稳定性，在热力学上，γ_s 越小则该表面越稳定。

将上述概念中的气相(或真空)替换为另一固相表面，可以推广为 α 和 β 两固相界面 α/β 的界面能 γ_{int}，亦即，可以将界面能 γ_{int} 看作是在体系中形成单位面积的界面时所增加的那部分能量，其本质上来源于界面处原子晶格畸变、化学键的改变和结构应变。如果两种完全不同的固相之间能够形成一个稳定存在的界面，则该界面的界面能应为一个正值，且界面能 γ_{int} 越小(即越接近于零)，则该界面在热力学上越稳定。如果两相之间的界面能为负值，则该界面在热力学上是不稳定的。在界面能足够负的情形下，此时存在一个驱动力可以推动两相中的某些原子扩散通过界面，即产生界面合金化，甚至形成新的界面相。关于金属界面体系负的界面能，以及经由扩散所形成的界面合金化，已有许多相关报道。

对于 α/β 固相界面，也可以用黏附功(W_{ad})来衡量其热力学稳定性。黏附功可以定义为将 α 和 β 两个自由表面黏附生成 α/β 界面时，在每单位界面积上系统对外所做的可逆功(如图 1－1 所示)，可表达为：

$$W_{ad} = \gamma_{int,\alpha/\beta} - (\gamma_{s,\alpha} + \gamma_{s,\beta}) \quad (1-3)$$

式中　$\gamma_{int,\alpha/\beta}$——$\alpha/\beta$ 的界面能；

$\gamma_{s,\alpha}$、$\gamma_{s,\beta}$——α 和 β 的表面能。

在热力学上，黏附功越大，则该界面越稳定。

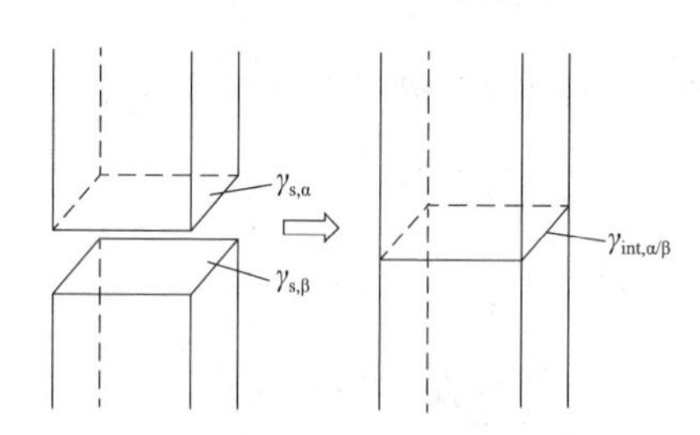

图1－1　两固体表面之间黏附功的示意图

1.2　金属基复合材料界面的基本理论

金属基复合材料(Metal Matrix Composites，MMCs)是在金属基体中，通过合适的复合方式，加入一定体积分数的纤维、晶须或颗粒增强相制备得到的。在与增强体复合之后，可以大幅提高金属基体材料的综合性能。因此，近几十年来，MMCs 已经成为材料研究领域的一大热点问题。金属基复合材料的界面是指基体与增强相之间的结合区域，它对 MMCs 的整体性能具有极大影响。

1.2.1 金属基复合材料界面结合方式

金属基复合材料中增强相与基体间的界面大致可分为三种类型：第一类是基体与增强相之间既不反应也不相互溶解，界面较为平整，如 Cu/W、Cu/Al_2O_3、Al/SiC 等；第二类是基体与增强相间不发生界面反应，但存在界面相互溶解扩散，呈现参差不齐的界面，如 Nb/W、Ni/C、Ni/W 等；第三类为基体与增强相之间发生界面反应，生成新的化合物，形成界面层，如 Ti/SiC、Ti/B、Ti/Al_2O_3 等。实际上，金属基复合材料中的界面往往是上述三种类型的组合。

金属基复合材料的界面结合可以分为机械结合、共格或半共格原子结合、扩散结合和化学结合，其界面结合力可以是机械摩擦力、范德华力、氢键或化学键。其中，界面处发生化学反应，在界面上形成反应层及化学结合，是金属基复合材料最主要的界面结合形式。程度较轻的界面反应有利于基体与增强相之间的浸润和复合，但另一方面，若反应程度较剧烈，界面层厚度会大大增加，当界面处产生较多脆性反应产物时，必然使复合材料的整体性能下降。

1.2.2 金属基复合材料界面的化学相容性

金属基体与增强相之间的界面反应倾向或反应程度主要决定于二者的化学相容性，可以分别从热力学和动力学角度进行描述，即发生界面反应的可能性和化学反应的速度。通常，研究者可以参考相应体系的相图大致确定界面反应的热力学相容性，且温度对热力学相容性具有极大影响。根据 Ti—Si—C 三元系相图，Ti—SiC 体系可能生成多种二元化合物(如 TiC、Ti_5Si_3、$TiSi_2$ 等)，以及数量更多也更为复杂的多元化合物。对于有碳涂层的 SiC 纤维，其界面体系可以大致视作 Ti—C 体系。在 600℃、800℃、920℃时 C 在 $\alpha-Ti$ 中的固溶度(质量分数)分别为 0.12%、0.27%、0.48%；在 900℃、1400℃、1750℃时 C 在 $\beta-Ti$ 中的固溶度分别为 0.15%、0.27%、0.8%。并且 Ti—C 体系可以生成可变组成化合物 TiC_{1-x}($0<x<0.05$)，其熔点约 3080℃(含 C 为 16.5%，质量分数)。因此，从热力学相容性出发，Ti 基体与 SiC 纤维之间具有较大的反应倾向。

在动力学方面，当基体与增强相之间发生界面反应时，反应组分需由扩散方式通过反应层，且界面反应通常是由该扩散过程控制的。此时，假设所生成的反应产物层是均匀等厚的，则产物层厚度 X 与时间 τ 之间有抛物线关系式，$X^n = K\tau$，其中 n 为抛物线指数，K 为反应速度常数，K 与温度 T 间的关系符合阿累尼乌斯关系式 $K = A\exp(-Q/RT)$，Q 为反应激活能。对于 Ti/SiC 或 Ti/C - coated - SiC 界面而言，Ti 元素具有较大的化学活性，而 C 原子半径较小，扩散能力较强，一般认为，SiC_f/Ti 基复合材料的界面反应主要受扩散控制。例如，Yang 等人使用纤维涂层法制备了 SCS - 6 SiC/Ti - 25Al - 10Nb - 3V - 1Mo 复合材料，并在 700℃和 800℃下进行热暴露，界面反应层厚度 X 和热处理时间 τ 的关系符合抛物线生长规律：$X = k\tau^{1/2} + b$，界面反应是受扩散控制的。

1.2.3 界面反应层对复合材料性能的影响

一般而言，金属基复合材料界面反应多为脆性化合物。对于连续纤维增强金属基复合材料，当形成脆性界面反应层后，一方面界面结合强度增大了，有利于在基体和纤维间的应力传递。另一方面，若界面结合强度过大，或脆性界面反应层过厚，则又往往会造成复合材料性能下降。这除了纤维和基体间过量反应这一原因之外，还可能是由于以下几方面原因造成的：

(1)如果脆性反应层在小应变下即发生断裂，则纤维表面周边容易形成缺口(裂口)损伤，从而促使纤维断裂，导致复合材料强度降低。

(2)若界面反应后纤维表面粗糙不平，将会在界面不规则处产生应力集中。

(3)纤维或基体的自身性质有可能在界面反应中降低，从而使复合材料性能降低。

(4)当纤维直径在反应中变细时，纤维的有效体积分数将减小。

综上所述：一方面，为了充分发挥连续纤维增强体对金属基体的强化作用，二者间的界面应连续、结合牢固，从而可以有效地将载荷从基体传递给强化相。但在另一方面，为了阻碍或防止基体裂纹扩展通过增强相，要求二者间界面不连续、适度结合，基体裂纹能够在扩展到界面时发生偏转，避免裂纹向增强相内部扩展。界面的结合状态和结合强度常常与界面反应层的厚度联系在一起，若两相间不发生界面反应，或界面层化合物很薄，则该界面的化学结合较差，不能有效传递载荷；而如果两相界面反应程度剧烈，界面层化合物太厚，则又会改变复合材料的失效机制。为了兼顾有效传递载荷和阻止裂纹，必须要有最佳的化合物层厚度。对于纤维增强复合材料，最佳反应层厚度δ_e^* 的计算公式为：

$$\delta_e^* = \frac{d_f}{2}\left[\sqrt{1+\left(\frac{E_f\overline{\sigma}_{ur}^n}{E_r\overline{\sigma}_{uf}}\right)^{\beta_r}}-1\right] \tag{1-4}$$

式中 d_f——纤维直径；

E_f、E_r——纤维和反应物层的弹性模量；

$\overline{\sigma}_{ur}^n$——反应物层归一化的平均拉伸强度；

$\overline{\sigma}_{uf}$——纤维的平均拉伸强度；

β_r——反应物层的 Weibull 模量，表示反应物层的强度分布。

对于金属基复合材料，大多数界面反应程度都较大，所生成的化合物层也较厚。为此，常常需要在增强相和基体之间设置一定障碍，以降低界面反应趋势，减缓反应层生长速度。目前，常用的有效方式就是在增强相表面涂覆阻滞层，或者添加合金元素，例如，Luo 等人在采用箔 – 纤维 – 箔法制备 SiC_f/Ti6Al4V 复合材料时，在 SiC 纤维外侧涂覆 Mo 涂层，能够有效地减缓和阻碍界面反应。此外，也可以采用合理的工艺方法，尽可能降低基体与增强相界面体系的制备或服役温度，或者减少其在高温下的接触时间，也可以在一定程度上控制界面反应层的厚度。

1.2.4 金属基复合材料的界面性能

金属基复合材料的界面性能主要包括界面力学性能(界面结合强度、区域硬度)和界面物理性能(导电性、导热性等)。对于用作结构材料的金属基复合材料，研究者通常更加关注其界面力学性能。界面结合强度是表征界面力学性能的重要指标，它可以看作是沿界面将金属基体和增强相分离时，作用于该界面上的临界应力。界面结合强度可以从复合材料界面的微观性质预测和反映复合材料的宏观力学性能，这一直是金属基复合材料研究中十分活跃的课题。

从研究手段和方法上来说，有关连续纤维增强金属基复合材料界面力学性能的研究主要分为两类，一类是进行界面细观力学实验测试及理论分析，另一类是根据相关理论用有限元等方法进行模拟计算。目前，细观力学实验测试方法是研究金属基复合材料界面强度的主要方法，常用的细观力学测试方法包括：纤维顶出法(push – out test)、临界纤维长度法(fragmentation test)、横向拉伸法(transverse tension test)等。这些细观力学测试方法也常用于 SiC_f/Ti 基复合材料的界面研究中，相关细节在后文加以说明。

1.3 SiC_f/Ti 基复合材料及其界面研究进展

钛合金具有密度低、比强度高、塑韧性好、耐腐蚀等良好性能，可以在较高温度(~550℃)下稳定工作。随着航空航天工业的不断发展，对钛合金结构材料也提出了更高要求，尤其是在制造航空发动机时，需要在保证轻质的前提下，进一步提高材料的服役温度。正是为解决这一问题，国内外均开展了钛基复合材料(TMCs)的研究。SiC 连续纤维增强钛基复合材料(SiC_f/Ti)能够将 SiC 纤维的高强度、高热稳定性与钛(合金)基体的轻质、高塑韧性相结合，从而能够进一步提高材料的比强度和高温稳定性。

近年来，国内外研究者对 SiC_f/Ti 基复合材料的制备、组织、性能及其失效机制均进行了深入研究。研究结果表明：在 SiC_f/Ti 基复合材料的制备和高温条件下服役时，复合材料中的 SiC 纤维与钛(合金)基体间会产生一定程度的界面反应，且界面反应层对于复合材料的性能具有直接影响，界面问题已经成为 SiC_f/Ti 基复合材料的一个核心研究内容。这方面的研究主要集中在界面反应动力学、界面反应层微观相结构、界面力学性能、界面改性等几方面。

1.3.1 SiC_f/Ti 基复合材料制备方法

制备 SiC_f/Ti 基复合材料的常见工艺方法有箔 - 纤维 - 箔(FFF)法、单层带(MT)法和基体涂层纤维(MCF)法(如图 1 -2 所示)。

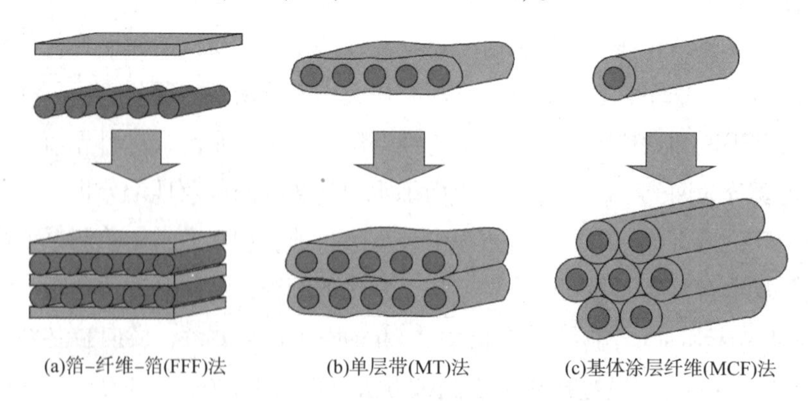

图 1 -2 SiC_f/Ti 基复合材料的制备方法

箔－纤维－箔法是将钛(合金)箔和编织好的 SiC 纤维层叠在一起，在高温下对其进行压实。单层带法是先预制钛(合金)基体包裹着平行分布 SiC 纤维的单层带，随后将单层带层叠后固结在一起。基体涂层纤维法是先将钛(合金)基体材料以磁控溅射等方式包裹在 SiC 纤维周围形成涂层，再将预制有钛(合金)涂层的 SiC 纤维热压成型。

1.3.2 SiC_f/Ti 界面扩散反应机理

明确 SiC_f/Ti(合金)界面的扩散反应机理，具有重要的理论意义：①可以揭示复合材料的界面反应本质，对实验结果给出合理解释。②可以确定界面的反应倾向，预测其整体性能和服役条件，为 SiC 纤维增强 Ti 基复合材料的设计、制备提供理论依据，缩短复合材料的研发周期。为深入理解 SiC_f/Ti(合金)界面扩散反应的规律和本质，国内外开展了大量研究工作。例如：Naka 等人对 SiC/Ti 体系的相反应和扩散路径进行了研究，实验观察到：首先在 Ti 侧形成 TiC，在 SiC 侧形成 $Ti_5Si_3C_x$ + TiC 混合物；随后，在 SiC 和 $Ti_5Si_3C_x$ + TiC 混合物之间形成 $Ti_5Si_3C_x$ 层；最后，在 SiC 侧形成 Ti_3SiC_2 相。根据实验结果，SiC/Ti 界面的扩散反应路径是：Ti/(Ti + TiC)/($Ti_5Si_3C_x$ + TiC)/$Ti_5Si_3C_x$/Ti_3SiC_2/SiC。

杨延清等人对纤维涂层法制备的 SCS－6 SiC/Ti_2AlNb 复合材料，界面反应产物中形成细晶和粗晶两个 TiC 层，并在粗晶 TiC 与基体之间存在 Ti_3Si，在两个 TiC 层之间有不连续的 Ti_5Si_3，在热暴露后的 Ti_2AlNb 基体中生成了少量 Ti_3AlC 颗粒，其形成机理为：SiC 纤维碳涂层中的 C 原子经过长程扩散，在 Ti_2AlNb 基体中发生反应 $Ti_3Al + C = Ti_3AlC$。

Zhu 等人使用化学热力学研究方法对 SCS－6 SiC/Ti 复合材料的界面反应及其机理进行了研究。建立了 SCS－6 SiC/Ti 复合材料界面反应动力学模型，并由量子化学计算得到了界面反应的速率常数和激活能。结果显示：首先分别从 Ti 基体和 SiC 纤维中分解出原子态 Ti、C、Si，这是界面反应速率的决定步骤，因为该步骤的激活能要比第二步生成界面反应产物大得多，且该界面反应理论的预测结果与实验观察是一致的。

Lü 等人采用三元体系半无限扩散偶的高斯方法，求解了 SiC/Ti_6Al_4V 复合材料界面反应层中相关元素的扩散系数，计算所得浓度分布和实测值一致。研究表明，碳原子通过反应层的扩散服从间隙扩散机制，硅原子的扩散为空位扩散机制。由于碳扩散的振动能最低并且跃迁距离最短，而供硅扩散的空位不足，碳和硅在反应产物 TiC_x 中具有最小的内禀扩散系数，分别为 8.9403×10^{-16} m²/s 和 4.7747×10^{-16} m²/s，反应元素通过反应层 TiC_x 的扩散是一个主要的控制步骤。

1.3.3 SiC_f/Ti 界面反应层微观相结构

SiC_f/Ti 基复合材料典型的界面区域微观结构大致可以描述为：从 SiC 纤维侧到 Ti 合金基体侧，依次是 SiC、C 涂层、界面反应层、Ti 基体中的贫 β 相区、正常基体。在 Ti 基体靠近界面处易于形成贫 β 相区，这是由于 Ti 合金基体中的 β 相稳定元素向界面扩散，而 C 为 α 相稳定元素，并向基体扩散所导致的。其中，SiC_f/Ti 基复合材料的界面反应层主要由钛的脆性化合物组成，主要是碳化物（如 TiC）和硅化物（如 Ti_5Si_3）等。

关于 SiC_f/Ti 界面反应层微观相结构的研究也有很多，例如：Yang 等人使用磁控溅射将 Ti－25Al－10Nb－3V－1Mo 基体材料沉积在 SCS－6 SiC 纤维上，再经热等静压（190MPa，930℃，0.5h）制备成 SiC/Ti－25Al－10Nb－3V－1Mo 复合材料，实验测试表明其纤维－基体界面反应区可分为 3 层：紧邻 C 涂层的第一层由（Ti，V）C 和 $(Ti, V, Nb)_5Si_3$ 两个细晶亚层构成；第二层为较大的（Ti，Nb）C 等轴晶；第三层为 $(Ti, Nb)_5(Si, Al)_3$，并含有少量 $(Ti, Nb)_3(Si, Al)$ 和 $(Ti, Nb)_3(Al, Si)C$。在经过热暴露后，在靠近 C 涂层处，又出现了 $(Ti, Nb)_3(Al, Si)C$，$(Ti, Nb)_3(Si, Al)$ 和 $(Ti, Nb)_5(Si, Al)_3$，从而具有四或五层界面反应层（参见图 1－3）。

杨延清等人采用 SCS－6 SiC 纤维（直径 143μm，3μm 厚碳涂层＋微小 SiC 颗粒）和国产 SiC 纤维（直径 100μm，1～2μm 厚纯碳涂层），通过热压或热等静压制备了 SCS－6 SiC_f/Super α_2、SCS－6 SiC_f/Ti_2AlNb、国产 SiC_f/Ti6Al4V、国产 SiC_f/Ti600 共 4 种复合材料，对界面反应产物的研究结果显示：反应形成了 TiC、Ti_5Si_3、Ti_3Si、Ti_3AlC 和 Ti_3SiC_2 等多种产物，分为多层分布于界面，且界面反应为扩散控制反应过程，Ti_2AlNb 及 Ti600 基体的界面反应相对较轻。

针对 SiC_f/Ti 基复合材料，Fromentin 等人采用物理化学和热力学方法研究了纤维－基体界面的反应产物及其结构，并提出了界面产物设计方法以改善复合材料界面稳定性。结果表明，SiC/Ti 界面相结构可以从（$SiC/TiSi_2/Ti_5Si_3/Ti$）转变为（$SiC/C/SiC/Si/TiSi_2/TiSi/Ti_5Si_4/Ti_5Si_3/Ti(Si)$）。

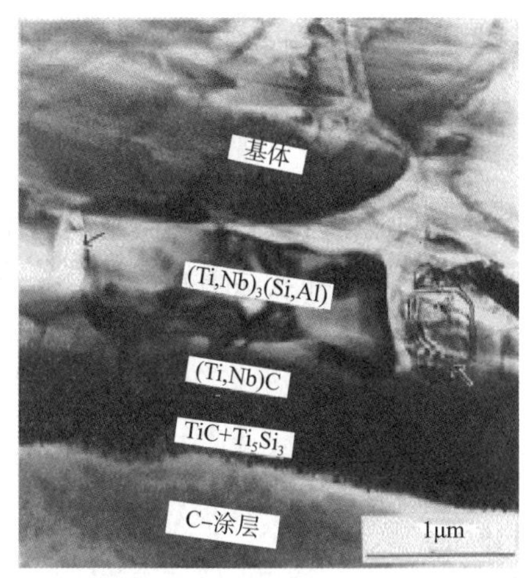

(a)700°C下2000h热处理试样中的三层界面反应区

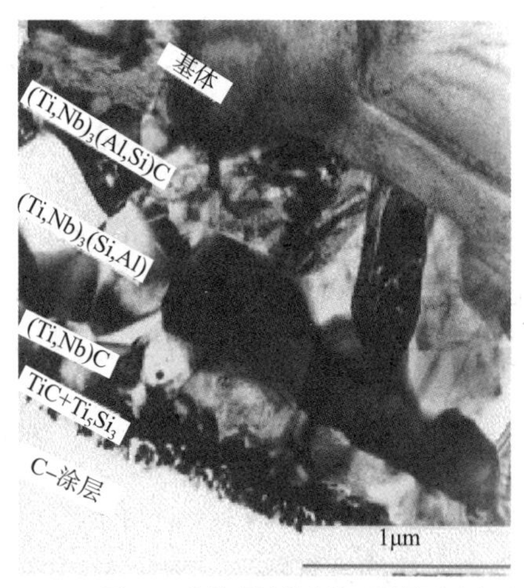

(b) 700°C下1000h热处理试样中的四层界面反应区

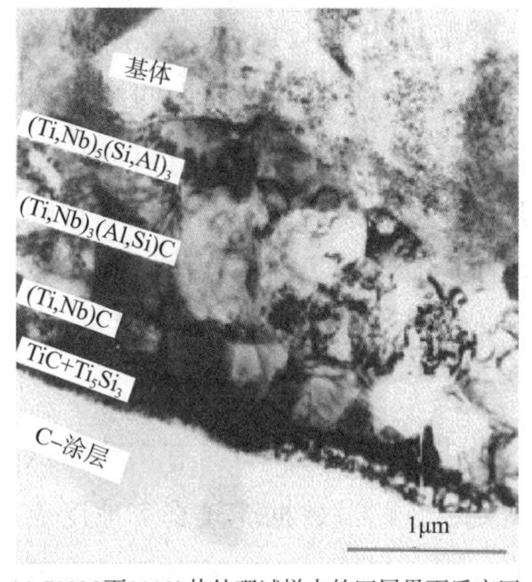

(c) 700°C下3000h热处理试样中的四层界面反应区

(d) 700°C下3000h热处理试样中的五层界面反应区

图1–3 SCS–6 SiC/Ti–25Al–10Nb–3V–1Mo
复合材料700℃热处理后的纤维/基体界面

此外，Xun等人使用GB–C SiC纤维（W芯，120μm直径，2.5μm厚碳化物涂层）和100μm厚Ti–15–3（Ti–15V–3Cr–3Sn–3Al）箔，采用箔–纤维–箔法真空热压（750℃，820℃，880℃）制备SiC_f/Ti复合材料，对复合材料纤维–基体界面微观组织和界面反应动力学进行了分析研究，并认为基体材料的再结晶对细化基体晶粒和提高界面扩散结合都起着重要作用，界面化学反应产物层主要是TiC。与其他文献相比，由于比SiC/Ti–6Al–4V的热压温度低，因而界面反应驱动力较小，界面反应较有限。

1.3.4 SiC$_f$/Ti 界面力学性能

1.3.4.1 纤维顶出法

将单向纤维增强复合材料沿垂直于纤维方向制成薄片试样，用微米级的压头顶在纤维或纤维束截面上，加力将纤维顶出，直接测定压头压力与位移，并据此得到界面剪切强度 τ_s 等参数：

$$\tau_s = \frac{p}{\pi D t} \quad (1-5)$$

式中 p——最大载荷；

D——纤维直径；

t——试样厚度。

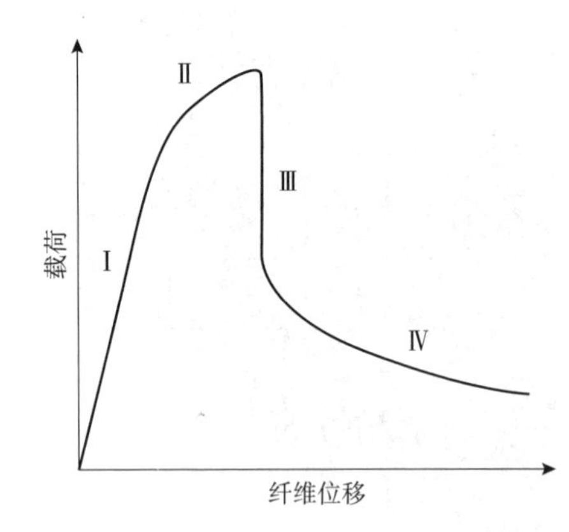

图 1-4 顶出实验载荷-位移曲线示意图

纤维顶出试验载荷-位移曲线如图 1-4 所示，曲线可以分为四个阶段：阶段Ⅰ是具有良好界面的线弹性阶段；阶段Ⅱ是由于界面裂纹起裂和扩展导致刚度降低；阶段Ⅲ由于界面完全脱黏而导致载荷急剧降低；阶段Ⅳ是纤维的摩擦滑移阶段。

由于纤维顶出试验具有实验测试过程较简便，且测试数据能较真实地反应界面强度，因此纤维顶出试验已经越来越多地应用于纤维增强复合材料界面力学性能的实验、理论和模拟研究中。可以说，纤维顶出(push-out test)实验已经成为表征 SiC 纤维增强 Ti 基复合材料界面力学性能的重要手段。在现有研究中，多数研究者都着重考察界面产物的化学组成、结构、界面结合和热残余应力对于界面强度的影响，下面就这方面进行简单介绍。

Chandra 等人采用不同的制备条件(温度和时间)，制备了 SCS-6 SiC 纤维增强不同基体(Ti-6Al-4V，Timetal 21S，Ti-15Nb-3Al)的钛基复合材料，分别在室温和高温下进行了纤维顶出实验，分析了不同界面反应层对剪切强度(shear strength) τ_s 和摩擦强度(frictional strength) τ_f 的影响。

Bechel 等人使用 3M 公司 140μm 直径 SiC 纤维制备了 SiC/Ti-6-4 复合材

料，并对其进行了 25000 周次 180MPa（$R=0.1$）的横向疲劳（transversely fatigue）试验。对制备态和疲劳试验后的复合材料均在室温和 400℃ 下进行了纤维顶出试验，疲劳后的试样测试结果比制备态试样的结果要低得多，这表明横向疲劳试验后复合材料的界面结合大大降低；高温下的纤维顶出试验结果都比同条件下的室温结果要低得多，作者认为这是由于高温下残余应力得以释放，从而使得基体对纤维径向夹紧作用所导致的界面摩擦大大降低，甚至可以忽略不计。

Watson 等人对 W 芯 SiC 纤维增强的 Ti－6Al－4V 复合材料，在不同时长的热处理后，进行了单纤维顶出、简单拉伸、三点弯曲冲击试验，其中 SiC 纤维表面预制有 C/TiB_2双涂层。由试验数据可知，随着界面反应加剧，以摩擦滑移为主的界面剪切应力增大，作者认为这与 C 涂层的厚度的减小有关。在沿纤维轴向拉伸时测定泊松比以确定基体的塑性，单向拉伸中非弹性行为是由横向载荷作用下所导致的界面破坏所引发的。三点弯曲冲击试验所得数值也显示沿纤维轴向的冲击功较大。沿纤维轴向的冲击试验结果表明：尽管对于较薄的反应层试样而言，断面出现纤维拔出现象，但界面反应层的厚度对冲击功数值没有太大影响。

1.3.4.2　临界纤维长度法

把单根纤维与基体材料复合后制成拉伸试样，并保证单根纤维处于试样截面中心，对试样施加单向拉伸载荷，则纤维会产生碎断。由于脆性纤维的断裂应变远小于基体的断裂应变，在拉伸载荷的作用下，纤维将在较弱处断裂，随着载荷增加，这一断裂过程将持续发生，纤维段不断地断裂为更短的小段，直至其表面的剪应力不可能再使纤维段发生断裂为止。若这时最大的纤维段长度为 L_c，则界面剪切强度为：

$$\tau=\frac{\sigma_f d}{2L_c} \tag{1-6}$$

式中　σ_f——纤维断裂应力；

L_c——纤维段长度；

d——纤维直径。

对于纤维增强复合材料在受到沿纤维长度方向的单向拉伸时，由于纤维与基体的塑性变形不能同步，而基体塑性往往优于纤维增强体，从而使得纤维在界面剪应力的作用下产生碎断。采用临界纤维长度试验能够较准确地反映出纤维－基体界面的剪切强度，并能较真实地体现出单向拉伸时纤维－基体间的载荷传递方式主要是由界面剪切应力来完成的。而且使用该方法考察残余热应力和纤维、基体塑性对界面失效的影响，也能够得到更符合实际的结果。因此，关于该方法的研究也很普遍。

对于纤维增强金属基复合材料的单向拉伸临界纤维长度试验研究，主要围绕测定界面剪切强度、实验理论分析（载荷传递机理和界面脱黏失效机理等）、界面状态（如界面相结构、残余应力）的影响以及有限元模拟等几个方面。

Molliex 等人对单纤维 SiC 增强的铝基（1050 和 5083 合金）和钛基（Ti－6Al－4V）复合材料进行了临界纤维长度试验，以分析纤维－基体界面对复合材料拉伸性能的作用。作者对 SCS6/Ti－6Al－4V 复合材料，在不同温度下进行试验，并由研究结果认为 SCS6/Ti－6Al－4V 复合材料在界面脱黏后，载荷传递机理主要受纤维周围径向压缩导致的摩擦所控制，并根据这一机理，提出了以剪切应力传递（transfer shear stress）作为输入参数的多纤维单向增强复合材料的拉伸断裂模型。

Rauchs 等人对单根 SCS6 SiC 纤维增强的 Ti－6Al－4V 基复合材料拉伸试样进行了轴对称有限元模拟，使用恒定的临界剪切应力对纤维滑移建模，使用单元去除法实现临界纤维长度的模拟，计算了当纤维断裂时纤维和基体的应变。所得结果与同步加速器 X 射线应变扫描测量所得到的临界界面参数进行了比较，数值模拟结果与实验结果之间取得较好的一致性。

Rousset 等人对单纤维 SiC/Ti－6242 复合材料试样在室温下进行了临界纤维长度实验，并使用蒙特卡罗方法对临界纤维长度实验进行了模拟。使用由纤维顶出实验（push out test）和横向拉伸实验（transverse tensile test）所确定的 cohesive zone model 模型模拟了界面行为，并由精确的有限元分析［避免了在应力传递区（stress transfer zone）假定一个恒定剪切应力］得到纤维断裂时应力传递曲线。制备中产生的较高残余压缩应力也被考虑进来。该临界纤维长度数据的分析给出了纤维的 Weibull 参数，并比原位取出纤维的 Weibull 参数较低。这一差别进一步验证了由于蒙特卡罗模拟方法高估临界纤维长度强度所导致的局限性，以评测原位纤维强度。拉伸试样上配有两个声发射传感器和一个引伸计，以监测纤维断裂时的应变。使用内聚区模型描述界面区，使用蒙特卡罗方法模拟了断裂纤维附近的纤维/基体应力传递曲线，同时考察了残余热应力和基体塑性变形的影响。

Lamon 对使用不同模型预测的临界纤维长度强度分布进行了比较，这些模型包括：①基于碎段链（chain－of－segments）和纤维强度分布的蒙特卡罗模拟方法，该模型已被广泛用于模拟聚合物和金属基体中的临界纤维长度。②碎段对分模型(fragment dichotomy model)，该模型是基于连续段(successive fragments)中失效和缺陷-强度分布(flaw-strength disrubutions)的模型，由已发表文献中与实验结果的对比来看，证实该模型是有效的。③作者新提出的基于纤维缺陷-强度分布的贝叶斯单元链模型(Bayesian chain-of-elements model)。对这三种模型进行了讨论，并对三种模型和 SiC(或 C)纤维增强 SiC 基体复合材料拉伸实验临界纤维长度应力进行了比较。在实验中用声发射计数(acoustic emission counts)或 SEM 观察可实时得知基体的失效，并对主要的影响因素进行了预测。

在临界纤维长度试验方法中，可以采用单纤维复合材料试样，称为单纤维临界长度试验(single fiber fragmentation test)；也可用多纤维复合材料试样，称为多纤维临界长度试验(multi-fiber fragmentation test)。多纤维临界长度试验除了可以考察纤维界面强度之外，还可以考察纤维密度(或纤维体积分数)对界面力学性能的影响(或者说是相邻纤维对界面性能的影响)。如 Li 等人使用直径为 15μm 的 Nicalon SiC 纤维增强环氧树脂，并对多纤维复合材料进行了碎断试验，结果表明：纤维阵列比单纤维具有更高的平均碎段长度，而且随着纤维间距缩小或纤维数目增多，碎段长度也增大，这说明相邻纤维的存在可以防止某些缺陷所导致的失效。

值得说明的是，对于 SiC 连续纤维增强钛金属基复合材料，在临界纤维长度试验后，如何准确测量和确认试样中纤维段的长度和断裂位置也吸引了一些研究者的注意。Majumdar 等人在室温下对单纤维和单股多纤维 SCS-6/Ti-6Al-4V 复合材料进行了临界纤维长度实验，试验中使用了引伸计和两个声发射传感器(acoustic emission sensor)来监测纤维断裂时的应变，试验后使用超声横波背反射(ultrasonic shear-wave back reflection，SBR)技术确定纤维断裂位置。使用 Curtin 临界纤维长度理论模型，对纤维断裂应力和纤维段长度分布数据进行了数据分析。单临界纤维长度试验所得到的平均剪切应力(390MPa)比纤维顶出试验所得值(90~160MPa)明显要大，作者认为这主要是由于复合材料在纤维断裂位置具有更大的夹紧固定作用所致。

另外，Preuss 等人在位于法国 Grenoble 的欧洲同步辐射研究中心(European Synchrotron Radiation Facility，ESRF)，使用 X 射线对单纤维 Ti/SiC_f 复合材料试样的逐步加载和卸载进行了原位(in-situ)研究。该研究使用的 ESRF 所产生的高强高能 X 射线具有很高(50μm)空间分辨率，当试样在拉伸载荷作用下产生应变时，同时对试样进行 X 射线衍射测试，就可以得到金属合金和金属基复合材料的应力、应变。所用试样为单纤维 SCS－6/Ti－6Al－4V 复合材料，其制备方法为：在有 4μm 碳涂层的 SCS－6 纤维表面通过 PVD 沉积 50μm 的 Ti－6Al－4V，使用蚀刻剂(5% HF ＋40% HNO_3 ＋55% H_2O)清洁纤维和两片厚度 0.7mm 的 Ti－6Al－4V 箔片(80 ×90mm^2)，然后采用箔－纤维－箔法真空热压(真空度 10^{-5}bar，热压工艺 880℃/20MPa/30min，随炉冷却 2K/min)制备得到。实验中，高达 50μm 的空间分辨率(spatial resolution)可以保证测量得到在钛基体内沿着纤维方向的应变。从发生断裂的纤维长度方向的应变曲线可计算得到界面摩擦剪切强度(interfacial frictional shear strength)为 200MPa 左右。该结果与其他评价复合材料体系中基体/强化相界面方法所得到的界面剪切应力进行了比较，并且进行了轴对称有限元建模，数值计算结果较好地与实验结果相一致。

1.3.4.3 横向拉伸法

将单根纤维与基体材料复合后，制成十字形拉伸试样(如图 1－5)，纤维在十字试样的中间部分，其长度方向与拉伸方向垂直。对该试样拉伸后可以测定复合材料纤维－基体的结合强度，图 1－6 为所测得的试验曲线。

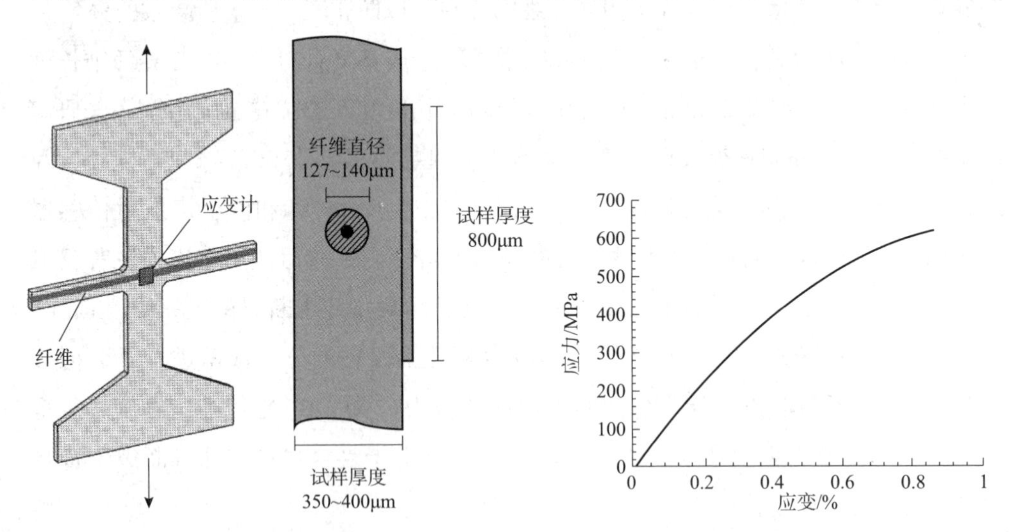

图 1－5　用于测定单纤维复合材料横向拉伸性能的十字形试样示意图

图 1－6　SCS－6/Ti－6Al－4V 复合材料典型的横向拉伸应力－应变曲线

Gundel 等人介绍了使用十字形试样拉伸试验研究单纤维或多纤维钛基复合材料的横向拉伸行为，该试验能够定量评价比较各种纤维和涂层的界面性能，对纤维涂层的研制具有重要意义。并对多种 SiC 纤维(不同制造商和不同表面涂层)的横向拉伸行为进行了对比研究，研究表明纤维－基体界面区域的化学组成和结构对应力－应变行为具有很大影响；具有富碳涂层的纤维界面强度取决于界面层结构，而无涂层纤维界面具有较高的强度。

连续纤维增强复合材料是一类具有明显各向异性的工程材料，尤其是在纤维轴向和纤维径向，其性能具有很大差异。因此，对于这类复合材料的界面性能，就不得不考虑横向(即垂直于纤维轴向，或沿纤维径向)拉伸时纤维－基体界面的结合强度，而这可以通过复合材料的横向拉伸试验来检测。

1.4 计算机模拟在凝聚相界面中的应用

计算材料学是材料科学与计算机科学的新兴交叉学科，作为连接材料学基本理论与实验研究的桥梁，通过理论模拟计算，可以对材料的组成、结构和服役性能进行预测与设计，近年来取得了非常快速的发展。计算材料学的主要内容包括两个方面：一是模拟计算，即根据材料学和相关科学基本原理，从实验数据出发，通过建立数学模型及数值计算，模拟实际过程；二是材料理论计算及设计，即直接通过理论的物理模型和数值计算，预测或设计材料结构与性能。

随着材料学对物质基本属性的研究不断深入，所研究的空间尺度也在不断变小。目前，纳米结构已成为材料研究的新热点，对功能材料甚至需要研究到电子层次。以往通过实验手段所能达到的微米级研究尺度，已经不能满足研究需要了。为此，需要借助于更先进高端的实验测试技术，从而使研究难度和研究成本日渐高企。此外，随着材料应用环境的日益复杂化，为了明确服役环境对材料性能的影响，通过实验手段研究材料服役性能也变得越来越困难。对于计算材料学，则可以从物理或化学基本理论出发，利用计算机技术模拟各种研究对象和环境。所涵盖的研究视野跨越了纳观、微观、介观和宏观等各个领域(如图 1－7 所示)。针对某一实际问题，在不同的尺度下，所采用的建模理论和计算方法也不尽相同，可以从不同尺度下对材料进行多层次、跨尺度的研究。此外，对于实验条件难以实现的环境条件，比如超高温、超高压等极端环境，也可以采用合适的计算方法模拟材料在该环境下的服役性能、失效机理。可以说，在现代材料学领域中，计算材料学研究也可以视为计算机“实验”，已成为与实验测试同样重要的研究手段，而且随着计算材料学的不断发展，它的作用会越来越大。

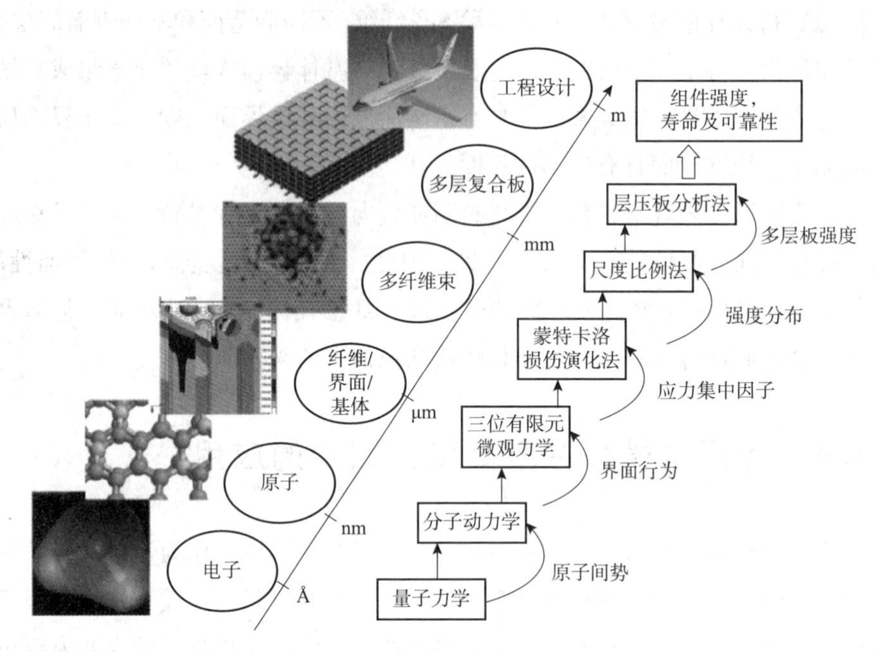

图 1-7　计算材料学中各种模拟方法所对应的时间尺度示意图

具体到凝聚相材料的表面或界面而言，一直都是计算材料学的重点研究对象。其研究方法主要有有限元法、分子动力学法、第一性原理法等，下面分别进行简要介绍。

1.4.1　有限元法

数值模拟技术通常用于研究有关“场”的问题，包括位移场、应力场、电磁场、温度场等等。主要思路为：在给定条件下求解该问题的控制方程(一般为常微分或偏微分方程)。在少数简单方程和边界条件下，能够获得精确解；而较复杂的问题可以对其方程和边界进行简化得到简化解，且常常使用数值求解方法，所得为其数值解。目前，数值模拟技术主要有：有限元法、边界元法、离散单元法、有限差分法等。其中，作为一种较为成熟的数值模拟计算技术，有限元方法已广泛应用于力学、机械、材料等各领域。

有限元法是将求解区域划分为由许多小的单元子域，彼此相邻的子域在节点处相连接，对其进行数值求解得到每个节点处的量，而子域单元内的解可由单元节点量通过选定函数插值求得。该方法的单元形状简单，易于建模，节点量之间的方程也容易给出。由于所给出的是基本方程在单元子域的分片近似解，单元划分得越细小，则计算结果也就越精确。

基于断裂力学并考虑了弹性变形、热残余应力、泊松效应和由于界面摩擦所导致的能量耗散，Yuan 等人提出了一个连续纤维增强复合材料纤维顶出试验的数值模型，可以预测复合材料的界面断裂韧性 G_{Ic}：

$$G_{Ic}=\frac{r_f}{4E_f}\left[\left(\sigma_p-\frac{2\tau a_0}{r_f}+\nu\sigma_{fr}^{r}-\sigma_{fr}^{z}-\frac{2\tau a}{r_f}\right)^2+(1-\nu^2)(\sigma_{fr}^{r})^2+(\sigma_{fr}^{z})^2\right] \quad (1-7)$$

式中 r_f——纤维半径；

E_f——纤维的弹性模量；

σ_p——加载应力；

τ——界面摩擦应力；

a_0——区间Ⅰ(压头侧界面脱黏段)的长度；

ν——泊松比；

σ_{fr}^{r}、σ_{fr}^{z}——纤维径向和轴向的热残余应力；

a——脱黏裂纹扩展长度。

根据该数值模型，采用有限元方法建立非对称弹簧单元模型(如图 1-8)，对 SiC/Timetal834 复合材料进行了模拟，预测了复合材料界面断裂韧性，且与实验值一致性良好。

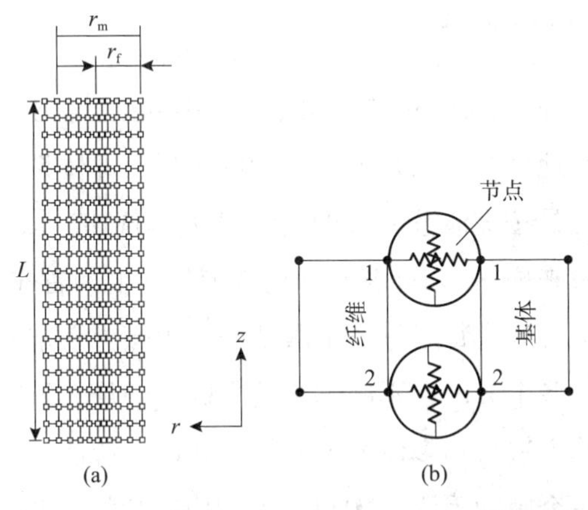

图 1-8 界面的(a)非对称有限元模型和(b)弹簧单元细节示意图

采用蒙特卡罗有限元方法，Lou 等人考察了界面剪切强度对 SiC_f/Ti6Al4V 复合材料纵向拉伸性能的影响(如图 1-9)，模拟了当界面剪切强度超过临界值时，复合材料中所发生的纤维断裂、基体开裂和界面脱黏，结果表明：界面剪切强度对复合材料的单向拉伸强度影响不大，且较低的界面剪切强度有利于避免材料的突然失效。

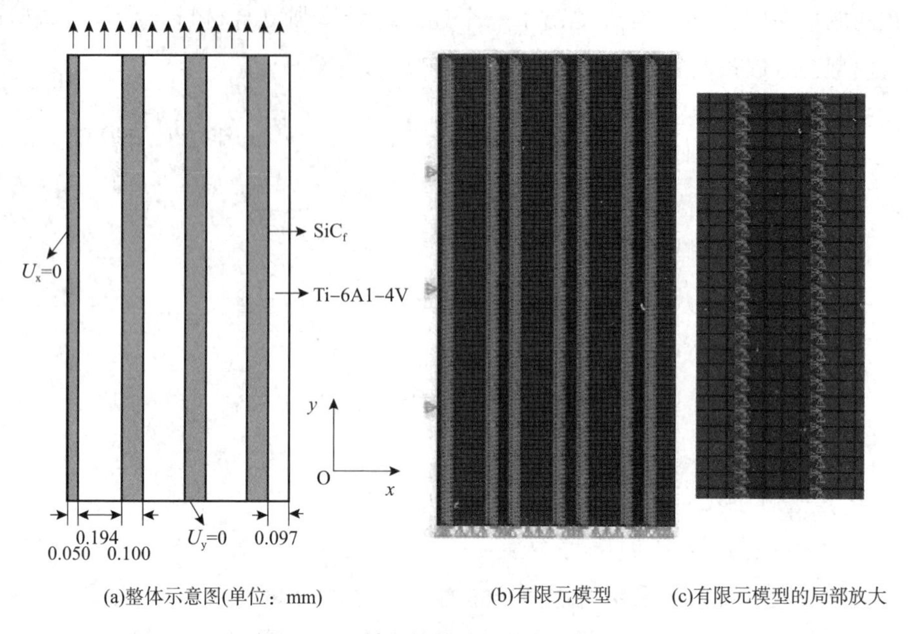

(a)整体示意图(单位：mm)　(b)有限元模型　(c)有限元模型的局部放大

图 1-9　轴向拉伸试样的有限元模型

1.4.2　分子动力学法

分子动力学(Molecular Dynamics，MD)是一类对统计力学体系进行算机模拟的方法，可以确定性地模拟体系在各个时刻的位形，即体系在相空间中随时间的变化情形。这种方法是按该体系内部的内禀动力学规律(常用理论力学上的哈密顿量或拉格朗日函数来描述)来计算并确定位形的转变。首先针对微观物理体系，建立一组分子的运动方程，每个分子都服从经典牛顿力学定律，然后通过对方程进行数值求解，得到各个分子在不同时刻的坐标与动量，即其在相空间的运动轨迹，再利用统计计算方法得到多体系统的静态和动态特性，从而得到系统的宏观性质。作为实验的一个辅助手段，MD 模拟可用来研究无法用解析方法解决的复合体系的平衡性质和力学性质，从而搭建理论和实验之间的一个桥梁。

为了明确 Al 熔体在 Al_3Ti 表面异质形核机理，Wang 等人采用分子动力学方法，模拟了 Al(110) || Al_3Ti(110)、Al(001) || Al_3Ti(001)、Al(111) || Al_3Ti(112)从 1025℃到 850℃下的液-固和固-固界面，结果显示：Al 熔体在 Al_3Ti

(001)和(110)表面的形核温度要低于其在 Al_3Ti(112)表面的形核温度，可见，Al 熔体更倾向于以 Al(111) || Al_3Ti(112)界面构型形核长大(如图 1－10 所示)。

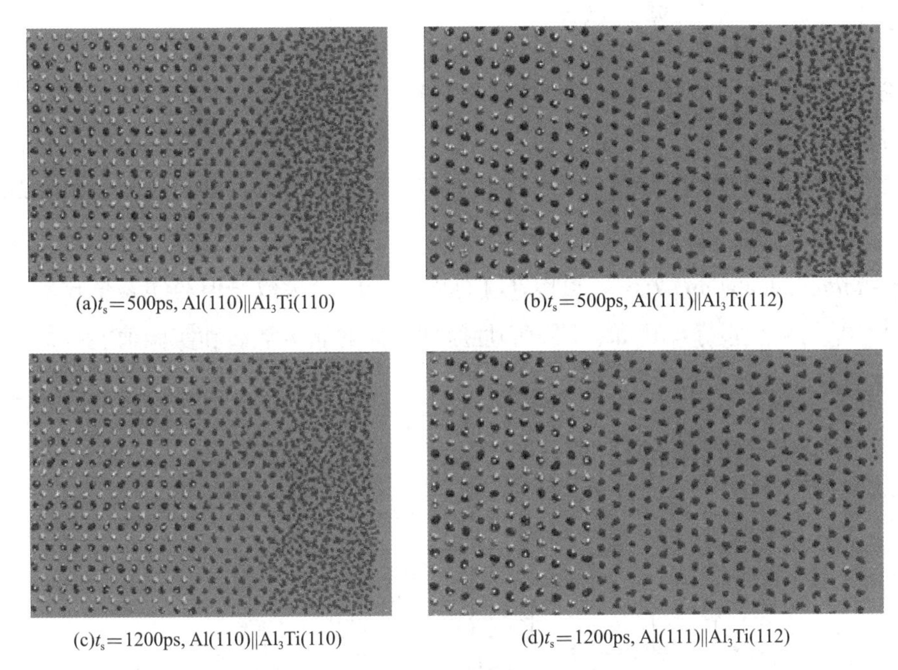

(a)t_s=500ps, Al(110)||Al_3Ti(110)　(b)t_s=500ps, Al(111)||Al_3Ti(112)

(c)t_s=1200ps, Al(110)||Al_3Ti(110)　(d)t_s=1200ps, Al(111)||Al_3Ti(112)

图 1－10　在 T=860K 时不同 Al_3Ti 表面对液态 Al 凝固形核的影响

针对单层和多层碳纳米管增强无定形碳复合材料的界面摩擦滑动问题，Li 等人采用分子动力学模拟方法进行了研究(如图 1－11)。对于多层碳纳米管，考察了层间 sp^3 键比例的影响，结果表明：层间具有 16% sp^3 键的多层碳纳米管的摩擦应力较单层碳纳米管大三倍左右，随着层间 sp^3 键增多，界面摩擦强度也相应增大。

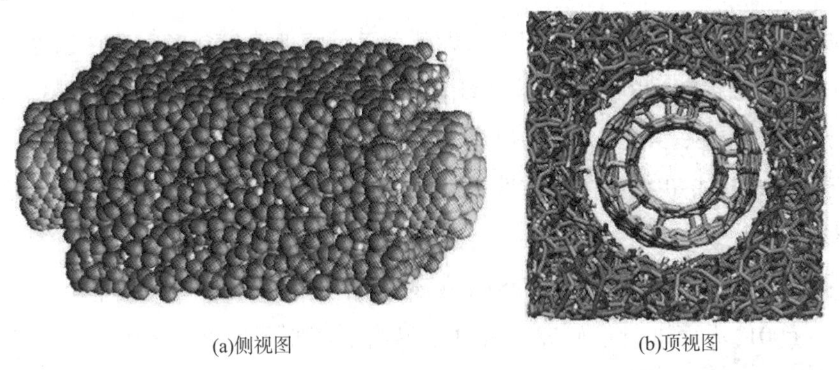

(a)侧视图　(b)顶视图

图 1－11　含有层间 sp^3 键(f=0.16)碳纳米管在无定形碳基复合材料中的视图

1.4.3 第一性原理法

第一性原理计算(first - priciples calculation)是基于量子力学并根据密度泛函理论，通过自洽计算来确定材料的几何结构、电子结构、热力学性质和光学性质等材料物性的方法。在计算中，采用完全不依赖于经验的基本物理常量，如光速、普朗克常数、电子电量、原子核质量、原子核电量，即可算出材料在基态下的性质。因此，第一性原理计算可以称得上真正意义的预测，亦称为从头算(*ab - initio* calculation)方法。虽然在计算中无需经验参数，但与实验值比较，其计算结果的精度很好。比如，用第一性原理计算的晶格常数和实验值能很好地吻合(如图 1 - 12 所示)。

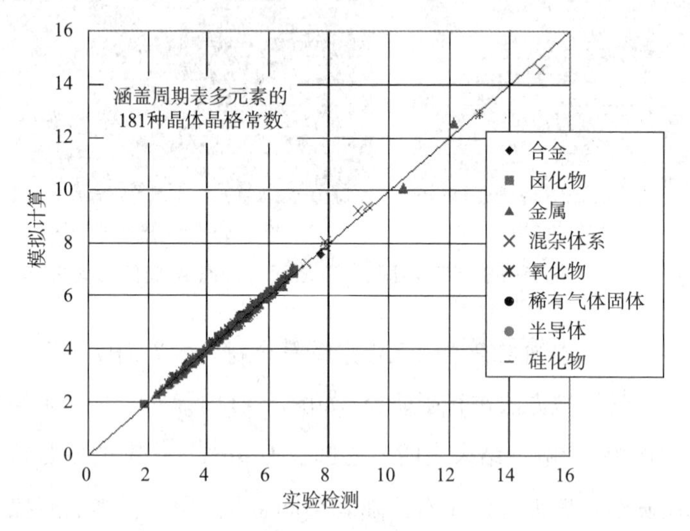

图 1 - 12 第一性原理(CASTEP)计算的晶格常数的准确性

近年来，随着计算机能力的空前提高，以及各种计算程序的快速发展，第一性原理计算已经越来越多地被应用到固体、表面、材料设计、合成、模拟计算、大分子和生物体系等诸多方面的研究中，已成为研究材料各种物理和化学性质非常普遍的手段，并获得许多突破性的进展，已经成为计算材料科学的一个重要基础和核心技术。

采用第一性原理计算方法，Kohyama 等人对 β - SiC/β - Ti 和 β - SiC/Al 的(111)、(001)界面进行了研究，考察了界面平衡原子构型、界面能、界面电子结构、肖特基势垒。对于 β - SiC(111)/ β - Ti(111)界面，分别考察了 Si 和 C 原子封端的 SiC(111)表面、Ti 的堆垛次序，以及界面处不同的堆垛位置，共分析了六种不同的β－SiC(111)/β－Ti(111)界面模型(如图 1－13)。结果显示：Ti 的堆垛次序对界面构型稳定性的影响较小，Si 封端时倾向于以 T_4 堆垛位置，而 C 封端时倾向于 H_3 堆垛位置，C 封端的界面比 Si 封端的更为稳定，且 C 封端界面 p－型肖特基势垒高比 Si 封端界面的小。

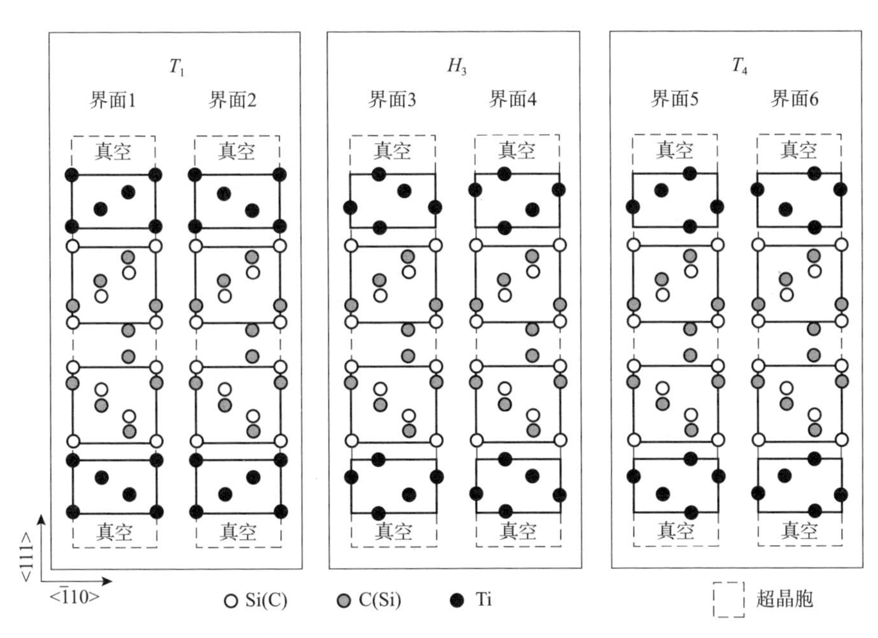

图 1－13 β－SiC(111)/β－Ti(111)界面的六种模型

国内学者 Liu 等人对β－Ti(110)/TiC(111)界面进行了研究，分别考虑了 Ti 和 C 封端的 TiC(111)表面和三种不同的界面堆垛位置，考察了六种界面模型的原子构型、界面黏附功、成键特征，C 封端界面模型的黏附功比 Ti 封端界面模型的大，且界面成键主要是由 Ti－3d 和 C－2p 轨道所形成的极性共价键。

1.5 SiC_f/Ti 基复合材料界面性能研究存在的问题

目前，对 SiC_f/Ti 基复合材料界面性能的研究已较为广泛，但由于实验测试成本等方面的制约，对于 SiC_f/Ti 基复合材料界面进行计算模拟是一个吸引众多研究者的课题。在常用的计算机模拟计算方法中，有限元方法通常建立的是连续体模型，只能从较宏观的尺度对复合材料界面进行模拟；而分子动力学建模需要较多的经验参数，且模拟结果也欠准确。而第一性原理计算方法可以从原子尺度，甚至是电子尺度，给出界面的相关信息，能够使研究者深入理解界面的物理本质，并对其性能作出合理预测。考虑到第一性原理计算与实验结果具有良好的一致性，为了从原子(或电子)尺度上深入研究 SiC_f/Ti 界面，有必要对 SiC_f/Ti 界面展开第一性原理研究。

第 2 章　第一性原理基本理论及计算软件简介

2.1　量子理论基础

2.1.1　Schrödinger 方程

量子力学中，与时间有关的 Schrödinger 方程描述了体系随时间的演变：

$$i\hbar \frac{\partial}{\partial t}\Psi = \hat{H}\Psi \tag{2-1}$$

式中　i——虚数单位；

$\hbar$——Planck 常数除以 2π；

t——时间；

Ψ——量子体系的波函数；

$\hat{H}$——Hamiltonian（哈密顿算符，哈密顿量），它与系统总能直接相关。

对于在电场中移动的单个粒子的非相对论 Schrödinger 方程，上式可以写作：

$$i\hbar \frac{\partial}{\partial t}\Psi(\boldsymbol{r},\ t) = \left[\frac{-\hbar^2}{2m}\nabla^2 + V(\boldsymbol{r},\ t)\right]\Psi(\boldsymbol{r},\ t) \tag{2-2}$$

式中　m——粒子的质量；

$\boldsymbol{r}$——位置向量；

V——外势；

∇^2——拉普拉斯算子。

根据与时间无关的 Schrödinger 方程，对于在稳态和非相对论近似下的多粒子体系有：

$$E\Psi = \hat{H}\Psi \tag{2-3}$$

式中　E——能量。

此时，波函数能够形成驻波(standing waves)，称为定态(stationary states)，也称为轨道(orbitals)。

对于在电场中运动的单个粒子的非相对论 Schrödinger 方程，则为：

$$E\Psi(\boldsymbol{r})=\left[\frac{-\hbar^2}{2m}\nabla^2+V(\boldsymbol{r})\right]\Psi(\boldsymbol{r}) \tag{2-4}$$

对于凝聚相中原子(电子)的多体系统而言，式(2-3)中的 Hamiltonian 可写为：

$$\begin{aligned}\hat{H}=&-\sum_i\frac{\hbar^2}{2m_i}\nabla_{r_i}^2+\frac{1}{2}\sum_{i,i'}\frac{e^2}{|\boldsymbol{r}_i-\boldsymbol{r}_i'|}-\sum_i\frac{\hbar^2}{2M_j}\nabla_{R_j}^2\\&+\frac{1}{2}\sum_{j,j'}\frac{Z^2e^2}{|\boldsymbol{R}_j-\boldsymbol{R}_{j'}|}-\sum_{i,j}\frac{Ze^2}{|\boldsymbol{r}_i-\boldsymbol{R}_j|}\end{aligned} \tag{2-5}$$

式中　$\boldsymbol{r}$——所有电子坐标的集合；

　$\boldsymbol{R}$——所有原子核坐标的集合。

式(2-5)右侧第一项为电子的动能项，第二项为是电子-电子间的库仑互作用项，第三项为原子核的动能项，第四项为核与核之间的库仑互作用项，第五项为电子与核的库仑互作用项。

对于原子(电子)的多体系统，直接求解其 Schrödinger 方程几乎是不可能的。为此，结合实际物理问题，作了一些简化和近似。比如：非相对论近似(高速运动的电子质量与其静止状态的质量近似相同)、波恩-奥本海默近似、Hatree-Fock 近似，等等。

2.1.2　波恩-奥本海默近似

提出波恩-奥本海默近似(Born-Oppenheimer approximation)的物理基础在于：原子核的质量比电子质量大 $10^3\sim10^4$ 倍，电子的运动速度远大于原子核的运动速度。实际上，当电子高速运动时，原子核仅在平衡位置做振动。如果原子核产生微小的运动，则电子都能迅速地进行调整适应，变化为与改变后的原子核力场相适应的电子运动状态。基于这一物理实际，波恩-奥本海默近似就是在研究电子的运动时，将原子核近似为固定不动，表现为一种平均化的原子核力场，即绝热地看待电子的运动，因此亦称为绝热近似。采用绝热近似后，其 Hamiltonian 可写为：

$$\hat{H}=-\sum_i\frac{\hbar^2}{2m_i}\nabla_{r_i}^2+\frac{1}{2}\sum_{i,i'}\frac{e^2}{|\boldsymbol{r}_i-\boldsymbol{r}_i'|}-\sum_{i,j}\frac{Ze^2}{|\boldsymbol{r}_i-\boldsymbol{R}_j|} \tag{2-6}$$

在此近似下，原子核的动能项、核与核之间的库仑作用项可以看作是固定项，从而将含有原子核和电子的多体问题化简为多电子体系的问题。

2.1.3 Hatree – Fock 方法

在采用绝热近似后，得以将原子核的运动与电子的运动分开考虑。但所得到的多电子体系 Schrödinger 方程仍然难以数学求解。为此，Hatree 将电子间的相互作用进行了平均化处理，即认为每个电子仅在电子互作用的平均场下独立运动，从而将体系的电子波函数改写为每个电子轨道波函数乘积的形式，即 Hatree 近似。通过这一近似，也使得多体电子体系的问题简化为单体问题。但在该近似中没有考虑到电子交换反对称性，在此基础上 Fock 进行了改进和修正，所得到的单电子方程即 Hatree – Fock 方程：

$$\varepsilon_i\varphi_i = F\varphi_i = \left(-\nabla^2 + V(\boldsymbol{r}) + \sum_{i'(\neq i)} \mathrm{d}\boldsymbol{r}' \frac{|\varphi_i'^2|}{|\boldsymbol{r}-\boldsymbol{r}'|} - \sum_{i'(\neq i),\parallel} \int \mathrm{d}\boldsymbol{r}' \frac{|\varphi_i^{*\prime}\varphi_i'|}{|\boldsymbol{r}-\boldsymbol{r}'|}\right)\varphi_i \tag{2-7}$$

该式描述了单个电子在晶格势场 $V(\boldsymbol{r})$ 和平均电子势场中的运动，F 称为 Fock 算符，式中采用了原子单位：$e^2=1$，$\hbar=1$，$2m=1$。

2.1.4 密度泛函理论

密度泛函理论(Density Functional Theory，DFT)是研究多电子结构的量子力学方法。传统的量子理论将波函数看作体系的基本物理量，而密度泛函理论则通过电子密度来描述体系基态的相关物理性质。通常将基于密度泛函理论的从头算(ab – initio)方法也称为第一性原理(first – principles)方法。

密度泛函理论可溯源至 1927 年 Thomas 和 Fermi 关于无相互作用均匀电子气的工作，Dirac 于 1930 年考虑了相互作用局域近似，得到密度泛函的雏形 Thomas – Fermi – Dirac 模型。由于该近似模型太过于简单，忽略了物质的某些本质现象(如电子的壳层结构、分子中的成键等)，因此并没有得到广泛应用。在 1964 年由 Hohenberg 和 Kohn 提出的非均匀电子气理论，并经过 Levy 的概括发展后，伴随着近年来计算机硬件技术的飞速发展，密度泛函理论现已经成为量子计算模拟方法中非常重要的基本思想。

密度泛函理论的核心内容可以简括为：体系中所有的基态(ground – state)特

性都是电荷密度(ρ)的泛函。特别是对于体系的总能(E_{total})，可以表达为：

$$E_{total}[\rho] = T[\rho] + U[\rho] + E_{xc}[\rho] \tag{2-8}$$

式中 $T[\rho]$——具有电荷密度ρ的无交互关联粒子体系的动能；

$U[\rho]$——由于库仑作用产生的静电势能；

$E_{xc}[\rho]$包括了所有多体组元贡献的总能(主要是交换和关联能)。

2.1.4.1 Hohenberg－Kohn 定理

可以说，正是基于由 Hohenberg 和 Kohn 所提出的两条有关体系非简并基态性质的定理，密度泛函理论才能够成为一个严密的理论体系：

(1)定理一：不计自旋的全同费米子系统的基态能量是粒子数密度函数$\rho(\boldsymbol{r})$的唯一泛函。即，由体系的电子密度可以唯一地确定出外势V_{ext}(即来自原子核的静电势)项，最大相差一个常数。定理一确立了使用电子密度来描述体系基态性质的合法性。

(2)定理二：能量泛函$E_{total}[\rho]$在粒子数不变的条件下对正确的粒子数密度取极小值，并等于基态能量。即，当所给的电子密度为体系的真实电子密度时，泛函对应的体系能量$E_{total}[\rho]$取最小值。定理二给出了自洽求解体系性质的有效方法。

根据 Hohenberg－Kohn 定理，体系的基态总能量可以表示为电子密度的泛函：

$$E_{total}[\rho] = T[\rho] + E_{ee}[\rho] + E_{ext}[\rho] \tag{2-9}$$

其中，$E_{ext}[\rho]$的电子密度泛函可由下式得到：

$$E_{ext}[\rho(\boldsymbol{r})] = \int \rho(\boldsymbol{r}) V_{ext}(\boldsymbol{r}) \mathrm{d}\boldsymbol{r} \tag{2-10}$$

式中 $T[\rho]$——动能项；

$E_{ee}[\rho]$——电子间相互作用能项；

$E_{ext}[\rho]$——外场施加的相互作用能项。

2.1.4.2 Kohn－Sham 方程

虽然 Hohenberg－Kohn 定理说明了电子系统的基态物理性质可由电荷密度唯一决定，并可由能量泛函对电荷密度的变分来确定系统的基态。但是，在应用密度泛函理论之前，还存在一个必须解决的问题：目前并不清楚基态性质(能量)关于电荷密度泛函的精确形式，无法直接求解。

1965 年，Kohn 和 Sham 提出了一种能够有效求解的近似方法。其基本思想是引入一个虚拟的多电子参考体系，该体系无相互作用，且与真实体系的电子密度一致。该假想体系各粒子单独运动时的总动能 $T_s[\rho]$、各粒子经典静电库仑势能 $E_H[\rho]$可以直接由电子密度给出。将式(2－9)中的动能项 $T[\rho]$和电子相互作用能项 $E_{ee}[\rho]$分别用 $T_s[\rho]$和 $E_H[\rho]$替换，并将真实体系与虚拟参考体系间的差值部分合并在一起称为交换关联能 $E_{xc}[\rho]$，则式(2－9)可以改写为：

$$E_{total}[\rho(\boldsymbol{r})] = T_s[\rho(\boldsymbol{r})] + E_H[\rho(\boldsymbol{r})] + E_{xc}[\rho(\boldsymbol{r})] + \int V_{ext}\rho(\boldsymbol{r})\mathrm{d}\boldsymbol{r} \quad (2-11)$$

其中，E_H 可以由式(2－12)计算：

$$E_H[\rho(\boldsymbol{r})] = \iint \frac{\rho(\boldsymbol{r})\rho(\boldsymbol{r}')}{|\boldsymbol{r}-\boldsymbol{r}'|}\mathrm{d}\boldsymbol{r}\mathrm{d}\boldsymbol{r}' \quad (2-12)$$

用 N 个单粒子波函数 $\varphi_i(\boldsymbol{r})$构成密度函数：

$$\rho(\boldsymbol{r}) = \sum_i^N |\varphi_i(\boldsymbol{r})|^2 \quad (2-13)$$

且满足归一化条件：

$$N = \int\rho(\boldsymbol{r})\mathrm{d}\boldsymbol{r} = \sum_i \int\varphi_i^*(\boldsymbol{r})\varphi_i(\boldsymbol{r})\mathrm{d}\boldsymbol{r} \quad (2-14)$$

则 $T_s[\rho(\boldsymbol{r})]$可表达为：

$$T_s[\rho(\boldsymbol{r})] = \sum_i^N \int\varphi_i^*(-\nabla^2)\varphi_i(\boldsymbol{r})\mathrm{d}\boldsymbol{r} \quad (2-15)$$

基态能量可由能量泛函对电荷密度函数 $\rho(\boldsymbol{r})$的变分得到。对电荷密度的变分用对波函数 $\varphi_i(\boldsymbol{r})$的变分代替，拉格朗日乘子用 E_i 代替，则有：

$$\delta\left\{E[\rho(\boldsymbol{r})] - \sum_i^N E_i\left[\int\varphi_i^*\varphi_i(\boldsymbol{r})\mathrm{d}\boldsymbol{r} - 1\right]\right\}/\delta\varphi_i(\boldsymbol{r}) = 0 \quad (2-16)$$

于是可以得到：

$$\{-\nabla^2 + V_{KS}[\rho(\boldsymbol{r})]\}\varphi_i(\boldsymbol{r}) = E_i\varphi_i(\boldsymbol{r}) \quad (2-17)$$

其中，作用势 $V_{KS}[\rho(\boldsymbol{r})]$可表示为：

$$V_{KS}[\rho(\boldsymbol{r})] = v(\boldsymbol{r}) + \int\frac{\rho(\boldsymbol{r})}{|\boldsymbol{r}-\boldsymbol{r}'|}\mathrm{d}\boldsymbol{r} + \frac{\delta E_{xc}[\rho(\boldsymbol{r})]}{\delta\rho(\boldsymbol{r})} \quad (2-18)$$

式中，右侧第三项也称为交换关联势 $V_{xc}[\rho(\boldsymbol{r})]$，即

$$V_{xc}[\rho(\boldsymbol{r})] = \frac{\delta E_{xc}[\rho(\boldsymbol{r})]}{\delta\rho(\boldsymbol{r})} \quad (2-19)$$

式(2－13)、式(2－17)、式(2－18)称为单电子的 Kohn－Sham 方程。通过求解

式(2－17)后代入式(2－13)即可得到基态电荷密度函数。

通过引入交换关联能 E_{xc}，Kohn－Sham 方程用无相互作用的多电子系统代替了有相互作用的多电子系统，并将粒子间相互作用的复杂性全部归入交换关联泛函 $E_{xc}[\rho(\boldsymbol{r})]$ 中，从而使问题得以大大简化。需要说明的是，多粒子体系中的交换关联能 $E_{xc}[\rho]$ 包括交换能(exchange energy) $E_x[\rho]$ 和关联能(correlation energy) $E_c[\rho]$ 两部分，其中交换能部分考虑的是相同自旋电子之间的排斥作用；关联能部分考虑的是不同自旋电子之间的相互作用，二者中交换能部分所占比例较大。现在，存在的问题是 E_{xc} 仍然未知，为此，需要进一步引入交换关联泛函的近似表达形式。

2.1.5 交换关联泛函

基于 Hohenberg－Kohn 定理和 Kohn－Sham 方程，可以将多电子体系的基态问题从形式上转化为有效单电子的问题，而最关键的部分在于确定交换关联泛函 $E_{xc}[\rho(\boldsymbol{r})]$ 的准确表达。目前，交换关联泛函常用的表达形式主要有两类：一类是局域密度近似(local density approximation，LDA)；另一类是广义梯度近似(generalize gradient approximation，GGA)。

2.1.5.1 局域密度近似

LDA 是基于均匀电子气理论的一类交换关联泛函，也是形式最为简单的近似表达。在这类近似中，空间某点的交换关联能仅与改点的电荷密度有关，且等于同密度的均匀电子期待交换关联能。其意义在于：如果电子密度随空间位置的变化极小，则可以用相同密度的均匀电子气的交换关联作用 $\varepsilon_{xc}^{uniform}$ 代替实际非均匀电子气的交换关联作用：

$$E_{xc}^{LDA}[\rho(\boldsymbol{r})] = \int\rho(\boldsymbol{r})\varepsilon_{xc}^{uniform}[\rho(\boldsymbol{r})]\mathrm{d}\boldsymbol{r} \tag{2-20}$$

则式(2－19)中的交换关联势可以写作：

$$V_{xc}(\boldsymbol{r}) = \frac{\delta E_{xc}[\rho(\boldsymbol{r})]}{\delta\rho(\boldsymbol{r})} \cong \frac{d\{\rho(\boldsymbol{r})\varepsilon_{xc}^{uniform}[\rho(\boldsymbol{r})]\}}{\mathrm{d}\rho(\boldsymbol{r})} \tag{2-21}$$

从均匀电子气的计算中得到 $\varepsilon_{xc}^{uniform}$，经过插值拟合得到电荷密度函数 $\rho(\boldsymbol{r})$，进而可由式(2－21)得到交换关联势的表达式。

目前常用的 LDA 交换关联泛函是在 1980 年 Ceperley 和 Alder 使用 Monte Carlo 方法计算均匀电子气总能的基础上发展起来的。CASTEP 计算软件中的 LDA

泛函是在此基础上，采用 Perdew 和 Zunger 的参数修正后的形式，亦称为 LDA - CAPZ 泛函。原则上说，LDA 泛函可对均匀电子气多体系统给出精确求解，也可对电荷密度随空间位置变化缓慢的体系给出足够精确的结果。对于凝聚态固相(尤其是金属体相)，LDA 能够在保证较好计算精度的前提下大大缩短计算时间，节约计算资源。但对于非均匀电子密度体系(比如过渡族金属、固体表面等)，LDA 的计算结果都不够准确。

2.1.5.2 广义梯度近似

广义梯度近似又称为梯度校正近似(gradient corrected approximation)。在 GGA 近似中，增加了一个关于粒子密度的梯度函数$|\nabla\rho(\boldsymbol{r})|$，从而在其交换关联泛函中可以用梯度来描述电荷密度空间分布的非均匀性。

$$E_{\mathrm{xc}}^{\mathrm{GGA}}[\rho(\boldsymbol{r})] = \int\rho(\boldsymbol{r})\varepsilon_{\mathrm{xc}}^{\mathrm{GGA}}[\rho(\boldsymbol{r}), |\nabla\rho(\boldsymbol{r})|]\mathrm{d}r \tag{2-22}$$

常用的 GGA 泛函主要有两类：一类是“自由参数的”(parameter free)，即完全根据已知的展开系数和相关理论条件精确地确定所有计算参数；另一类是“经验的”(empirical)，即所有计算参数均根据实验数据的拟合或对物质性质的严格计算得到。其中，在计算物理方面的 GGA 近似主要是第一类，比如 Perdew、Burke 和 Ernzerhof 提出的 PBE，Perdew 和 Wang 提出的 PW91；而在计算化学方面常用的 GGA 泛函主要是第二类，比如 Becke、Lee、Parr 和 Yang 提出的 BLYP。在 GGA 泛函中，由于考虑了电子密度的一级梯度对于交换关联能的影响，因此，采用 GGA 泛函要比采用 LDA 泛函能够得到更为精确的计算结果。对于开放性体系，包括固体表面体系，其优势更为明显。据此，在本研究中的表面和界面计算中，均采用 GGA 泛函。

除了 LDA 和 GGA 这两类泛函之外，较常用的还有杂化密度泛函(例如 B3LYP、PBE0 等)。杂化密度泛函是将 Hatree - Fock 形式的交换泛函与 LDA(或 GGA)交换关联泛函进行杂化，并可通过调节系数来调整二者的杂化比例。从密度泛函理论真正获得广泛应用以来，对于交换关联泛函的研究一直没有停止，新的交换关联泛函也不断被提出。为了更好地将其分类，Perdew 提出了一个称为 Jacob 台阶(Jacob ladder)的分类图，所处台阶越高，则该交换关联泛函的形式越复杂。其中，LDA 和 GGA 泛函分别处于台阶的一层和二层，在其之上还有第三层的 Meta - GGA 泛函，第四层的 Hyper - GGA 泛函等。

2.1.6 自洽场理论

作为一组复杂的非线性积分 - 微分方程，Kohn - Sham 方程的解析求解非常困难，常用自洽场(Self - consistent field，SCF)迭代求解由 Hamiltonian 交互关联项产生的方程组。在 SCF 方法中用一个平均或有效互作用代替了考察对象(如一个原子)。这一理论的优点在于：可以采用较低的计算成本得到交互作用能(interaction energies)，以及电荷密度、电子振动、量子力学性质。由于 SCF 使用了平均交互作用，它也可以看作是 Hamiltonian 的“零阶”展开式，从而不存在微动(fluctuations)。因此，SCF 可以用于一阶和二阶微动计算的准备阶段，比如在几何优化之前的能量最小化。

SCF 衍生于 Bogoliubov 不等式。假设使用平均化的尝试值 $\tilde{H}$ 代替真实值 H，在尝试值 $\tilde{H}$ 所定义的正则分布下，有不等式 $G \leqslant \tilde{G}$，其中 G 和 $\tilde{G}$ 分别为采用真实值 H 和尝试值后 $\tilde{H}$ 的自由能。在考虑许多其他参数后对自由能进行优化，才能够得到接近于真实值的自由能。Bogoliubov 不等式常表达为等式形式：$H = H_0 + \Delta H$，其中 H_0 可精确求解。对于自由能 G，其上限为：

$$G \leqslant G_0 = \langle H \rangle_0 - TS_0 \tag{2-23}$$

式中 $\langle H \rangle_0$ 和 S_0——由 H_0 所定义正则系中的 Hamiltonian 平均值和熵值；

T——温度。

特别地，如果体系不存在交互作用，则

$$H_0 = \sum_{i=1}^{N} h_i(\xi_i) \tag{2-24}$$

式中 (ξ_i)——统计体系中组元 i 的自由度。

对式(2 - 23)右侧进行最小化可以得到更接近真实值的上限值。在进行最小化后，即可得到真实体系的“最优”近似，此一过程即为平均场近似(mean field approximation)。

对于大多数体系而言，在 Hamiltonian 中含有粒子对之间的交互作用，即

$$H = \sum_{(i,j) \in P} V_{i,j}(\xi_i, \xi_j) \tag{2-25}$$

式中 P——存在互作用的粒子对集合。

将某一可观测量 f 对组元 i 在自由度(ξ_i)下的总和定义为 $Tr_i f(\xi_i)$，则最小化之和的自由能近似为：

$$G_0 = Tr_{1,2,\cdots,N} H(\xi_1, \xi_2, \cdots, \xi_N) P_0^{(N)}(\xi_1, \xi_2, \cdots, \xi_N) + kT Tr_{1,2,\cdots,N} P_0^{(N)}(\xi_1, \xi_2, \cdots, \xi_N) \log P_0^{(N)}(\xi_1, \xi_2, \cdots, \xi_N) \tag{2-26}$$

式中　$P_0^{(N)}(\xi_1, \xi_2, \cdots, \xi_N)$——体系自由度$(\xi_1, \xi_2, \cdots, \xi_N)$的概率值，它可由玻耳兹曼因子来给定：

$$P_0^{(N)}(\xi_1, \xi_2, \cdots, \xi_N) = \frac{1}{Z_0^{(N)}} e^{-\beta H_0(\xi_1, \xi_2, \cdots, \xi_N)} \tag{2-27}$$

式中　$Z_0^{(N)}$——统计学的配分函数。因而，体系自由能可表达为：

$$G_0 = \sum_{(i,j)\in P} Tr_{i,j} V_{i,j}(\xi_i, \xi_j) P_0^{(i)}(\xi_i) P_0^{(j)}(\xi_j) + kT \sum_{i=1}^{N} Tr_i P_0^{(i)}(\xi_i) \log P_0^{(i)}(\xi_i) \tag{2-28}$$

为了对 G_0 进行最小化求解，需要使用拉格朗日乘数法对每一自由度概率 $P_0^{(i)}$ 求导，最终得到一组自洽方程组：

$$P_0^{(i)}(\xi_i) = \frac{1}{Z_0} e^{-\beta h_i^{MF}(\xi_i)}, \quad i = 1, 2, \cdots N \tag{2-29}$$

式中，平均场(mean field)可写作：

$$h_i^{MF}(\xi_i) = \sum_{\{j | (i,j)\in P\}} Tr_j V_{i,j}(\xi_i, \xi_j) P_0^{(j)}(\xi_j) \tag{2-30}$$

图 2－1 是 Kohn－Sham 方程的自洽求解流程示意图：

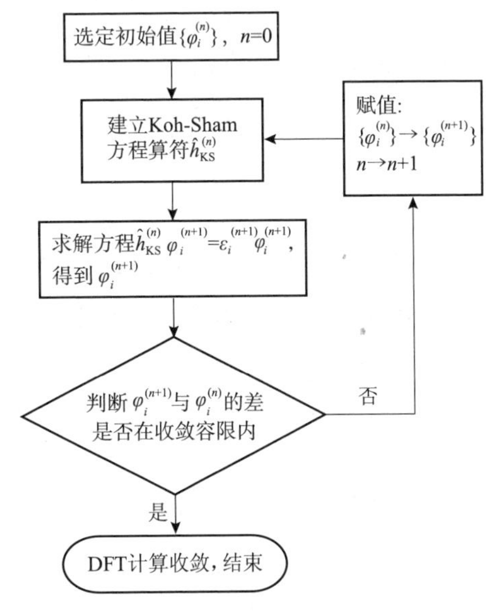

图 2－1　Kohn－Sham 方程自洽迭代流程图

2.1.7 平面波赝势

通常使用计算机程序对 Kohn – Sham 方程进行数值求解，为了使得解在周期势中合理可行，同时为了方便计算机编程，也需要对连续物理量(如电荷密度)先进行离散，因此，常采用合适的基函数将波函数 $\varphi_i(\boldsymbol{r})$ 展开。合适的基函数需要满足的条件包括：①它应该是(或尽可能接近)一个完备集合，因而可用它展开任意波函数。②与它所描述的体系有着正确的近似关系，这样可以用较少的基函数来描述体系的波函数。③容易计算由这组基函数定义的轨道积分，特别是多中心积分，随后进行的自洽收敛比较快。常见的基函数有平面波(plane – waves)、Gaussian 函数、Slater 函数和数值轨道等。

2.1.7.1 平面波方法

平面波基组是第一性原理计算中最常用的基组，将 Kohn – Sham 方程的波函数 $\varphi_i(\boldsymbol{r})$ 用平面波基函数展开：

$$\varphi_k(\boldsymbol{r}) = \sum_G c_{k+G} \mathrm{e}^{i(k+G)\cdot r} \tag{2-31}$$

式中 k——波矢；

G——倒格矢；

c_i——系数。

根据式(2 – 23)，所解得的动能部分应该为：

$$-\frac{1}{2}\nabla^2\varphi(\boldsymbol{r}) = -\frac{1}{2}(iG)^2\frac{1}{\sqrt{\Omega}}\mathrm{e}^{iG\cdot r} = \frac{1}{2}G^2\varphi(\boldsymbol{r}) \tag{2-32}$$

式中 Ω——晶格体积。

对应于较低能量的波函数解具有更为重要的意义，因此，通常在上述方程可能存在的无数个解中，以动能小于某一值为条件截取更值得关注的那部分解：

$$E_{\mathrm{cut}} \geqslant \frac{1}{2}G^2 \tag{2-33}$$

式中 E_{cut}——截断能。

平面波数目 N_{PW} 与截断能之间存在有关系式：

$$N_{\mathrm{PW}} \approx \frac{1}{2\pi^2}\Omega E_{\mathrm{cut}}^{3/2} \tag{2-34}$$

其二者间的关系如图 2 – 2 所示。

需要进一步说明的是，如果允许采用的基组个数是无限个，则可以对波函数$\varphi_i(\boldsymbol{r})$进行精确展开，但实际数值计算中只能使用有限个基组(finite basis set)。因此可能引致的计算偏差可以通过有限基组校正(finite basis set correction)。例如，在状态方程(equation of stat，EOS)计算中，常要绘制$E-V$曲线。由于晶格是在变化的，则在相同基组数目下计算晶体的总能E_{total}时，所用E_{cut}越小，$E-V$曲线越参差不齐，而E_{cut}越大，$E-V$曲线越平滑；并且E_{cut}越大，$E-V$曲线中能量最低点所对应的晶格体积(晶格常数)越接近于零压强下的值。对于此类问题，有限基组校正的关键就在于求出$\mathrm{d}E_{\text{total}}/\mathrm{dln}E_{\text{cut}}$，据此，可以把在固定基组条件下得到的计算结果进行外推，如同在固定截断能下进行计算一样，从而更符合物理条件。

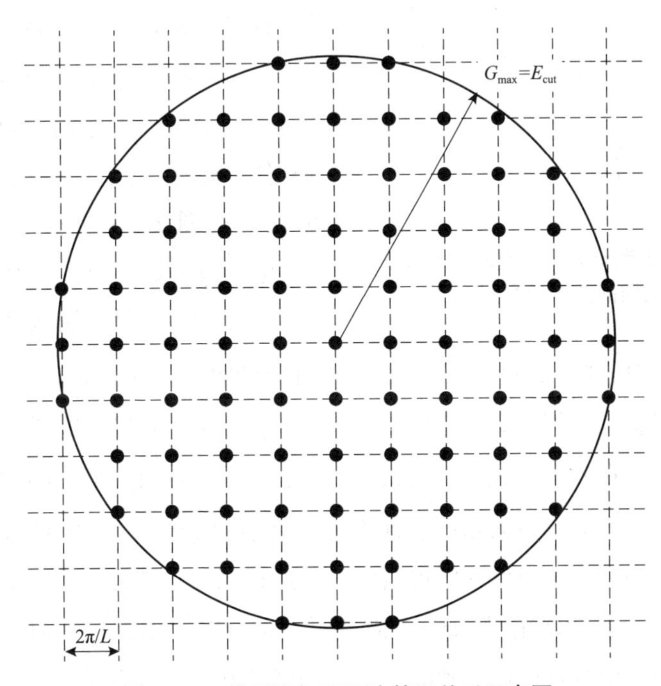

图2-2 截断能与平面波基组关系示意图

2.1.7.2 赝势理论

在采用密度泛函理论进行计算时，可以考虑所有的核外电子，这种方法称为全电子计算(all electron calculation)，但其耗用的计算资源和计算时间都非常大。实际上，对一个多体系统而言，在离原子核比较近的区域，电子受原子核的束缚很大，其波函数的定域性极强，其波函数受邻近原子的影响也很小。可以把原子核附近的区域称为芯区。在远离原子核的其他区域($r>r_c$)，电子所受束缚较小，其波函数的交互作用较强，受邻近原子的影响非常明显。根据这一物理实际，假设存在一个临界截断距离 r_c，可以将外层的价电子和内层的芯区电子分开考虑，在芯区外($r>r_c$)，价电子波函数仍然保留为真实波函数的形式；而在芯区内($r<r_c$)，波函数代之以空间变化平缓的形式。在密度泛函计算中，把核心电子和原子核共同看作是原子实，将关注的重点放在价态和类价态电子上，从而使所需的计算工作量大大减少，这一理论思想即为赝势(pseudo - potential)理论。

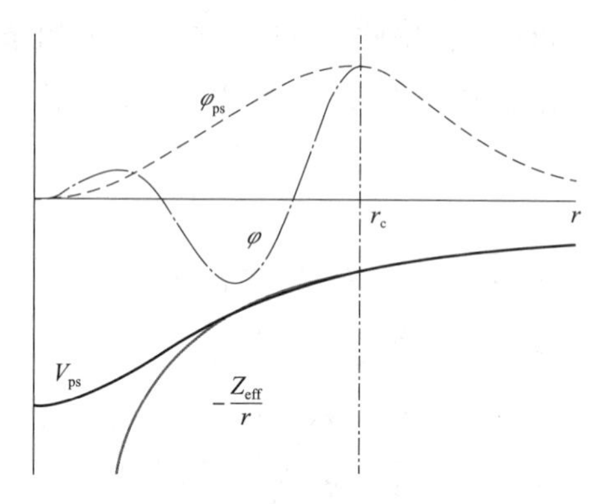

图 2 -3　全电子势和赝势及其波函数之间的关系示意图

实质上，赝势(pseudo - potential)是真实原子势(包括原子核对价电子的库仑力和芯电子对价电子的等效排斥力)的一种近似表达。在赝势中，内层电子对价电子的排斥作用部分地抵消了原子核对价电子的吸引作用，因此，相比与真实值，赝势(V_{ps})是一种较弱且较为平坦的势(如图 2 -3 所示)，赝势所对应的价电子波函数称为赝波函数(φ_{ps})。

需要指出的是，引入赝势时必须满足：①赝势所对应的 Schrödinger 方程与全电子势所对应的 Schrödinger 方程具有完全相同的能量本征值。②在芯区以外($r>r_c$)，赝势法和全电子法计算得到的波函数相同。③在芯区以内($r<r_c$)，两种方法所得波函数平方的积分相同，即保证二者在芯区内的电荷数相同。④在芯区半径处($r=r_c$)，两种方法的能量在径向上的偏导相同，从而保证所得赝势的普遍适用性。赝势与赝波函数可以总括称为“赝原子”，虽然使用“赝原子”描述原子本身时并不准确，但用其描述原子与原子之间的作用时是近似正确的。近似程度的好坏一定意义上取决于截断距离 r_c 的大小，r_c 越大，赝波函数越平缓，与真实波函数的差别也越大。在使用赝势计算时，所需要的平面波基底数目越少，则计算量越小。赝势所需基底数目的多少可由系统的总能对平面波截断能 E_{cut} 的收敛性来判断。E_{total} 达到收敛时所需的 E_{cut} 越小，即该赝势越“软”，反之则越“硬”。

最基本的赝势导出是建立在正交平面波方法上的，但赝势的导出并不唯一。常用的赝势一般分为以下几种：经验赝势(emipirical pseudopotential)，模守恒赝势(norm conserving pseudopotential)以及超软赝势(ultra - soft pseudopotential)。经验赝势是对实验测量得到的数据进行拟合后得到的。模守恒赝势是一种从头算赝势，它通过精确求解 Schrödinger 方程得到，没有引入任何实验参数，在距原子核一定距离后，其波函数不仅与真实势的波函数具有相同的形式，且二者幅度也相等，这也是“模守恒”的含义所在。当体系中的原子含有 $2p$ 或 $3d$ 未满壳层电子(如氧、钛等)时，具有非常强的局域轨道，此时模守恒赝势变“硬”。如果想要仍然满足“模守恒”，就需要数量巨大的平面波基函数来展开赝势，这必然使计算量极大增加。为此，在模守恒赝势的基础上，提出了新的赝势——超软赝势。超软赝势能够在使用很少平面波基组的条件下，得到非常平滑(即很“软”)的赝波函数，尤其适用于过渡族金属。其中，为了使平面波的展开能迅速收敛，超软赝势放弃了模守恒和原子轨道的正交性限制，从而使芯区的轨道尽可能变“软”。同时，通过引入依赖于原子实位置的广义重叠算符来弥补其正交性限制。

2.2 计算软件及建模方法

2.2.1 CASTEP 软件简介

CASTEP(Cambridge Series Total Energy Package)软件是目前常用的一种第一性原理计算工具。关于其具体的计算理论，主要简述如下：

(1)采用赝势来表示离子实与价电子之间的相互作用。

(2)采用多种交换关联泛函(包括 LDA 和 GGA 等)。

(3)采用自洽场迭代方法求解多电子体系的基态能量。

(4)采用在三维周期性边界条件下创建的超晶胞模型，求解过程运用了布洛赫定理。

(5)采用平面波基组求解体系的电子波函数，并采用可调参数(截断能)将贡献较小的高动能项省略，只保留较重要的低动能项。

(6)采用 Monkhorst - Pack 方法设置布里渊区的 $\boldsymbol{k}$ - points。

(7)采用快速傅里叶变换对体系哈密顿量进行数值化计算。

使用 CASTEP 软件能够计算的内容有很多，最常见的包括：①基于密度泛函理论，采用 SCF 运算求解多电子体系的基态总能，即单点能计算。②与最小化数值算法(如BFGS算法)相迭代，实现周期性体系的充分弛豫，即几何优化计算。此外，CASTEP也常用于计算晶体的弹性常数和相关的机械性能(如体模量、弹性模量、剪切模量、泊松比等)、体系的电荷分布(如电荷密度、电荷密度差分、态密度等)、固体的振动性质(如声子色散关系、声子态密度)，等等。在CASTEP软件中也可以将密度泛函从头算与分子动力学相结合实现第一性原理分子动力学模拟。

2.2.2 布里渊区的 $\boldsymbol{k}$ – points 设置

在CASTEP软件中，可以仅对布里渊区内的Gamma点进行计算，但更常见的是采用Monkhorst – Pack方法设置布里渊区的取样格点。对于体相固相而言，其电子状态仅允许存在于由其边界条件所决定的一系列 $\boldsymbol{k}$ – points上。据此，对于三维周期性固体体系中的无数多个电子而言，可在无限多个 $\boldsymbol{k}$ – points上对其进行考察。Bloch定理可以把求算某个无限多电子的波函数问题，转化为在无限多个 $\boldsymbol{k}$ – points上求解有限数目波函数的问题。在每个 $\boldsymbol{k}$ – point上的占据态均对电子的作用势有影响，因此，原则上说来，所需要完成的计算是无数多的。然而，在相互邻近 $\boldsymbol{k}$ – points上的电子波函数是基本相同的。这意味着，对于含有在若干 $\boldsymbol{k}$ – points上加和的DFT表达式(或者以在布里渊区进行积分的等效形式)，可以近似表达为：在布里渊区内少量特殊 $\boldsymbol{k}$ – points上进行加和的数值化算法。此外，由于计算对象具有对称性，应仅仅考虑其第一布里渊区内的 $\boldsymbol{k}$ – points。一般而言，布里渊区取样 $\boldsymbol{k}$ – points越密，则其总能计算结果也越精确。在生成特殊 $\boldsymbol{k}$ – points的常用方案中，Monkhorst – Pack方法是最为常用的。这一方法可以沿着倒易空间的三个坐标轴生成均匀的 $\boldsymbol{k}$ – points网格。Monkhorst – Pack网格可以用一组整数来表达(即三个整数：q_i，$i=1, 2, 3$)，分别表示在三个坐标方向所分割的数目。

2.2.3 表面和界面建模方法

在对于体相晶态固体进行模拟计算时，由于晶格所具有的三维周期性，存在一个周期性势场，此时布洛赫定理(Bloch's theorem)自然成立。当势场具有晶格周期性时，体系中电子的波函数具有以下特征：

$$\varphi(\boldsymbol{r}+\boldsymbol{R}_n)=\mathrm{e}^{i\boldsymbol{k}\cdot\boldsymbol{R}_n}\varphi(\boldsymbol{r}) \tag{2-35}$$

式中　$\boldsymbol{R}_n$——晶格周期矢量。

位置矢量 $(\boldsymbol{r}+\boldsymbol{R}_n)$处的波函数与位置矢量$(\boldsymbol{r})$处的波函数仅相差一个位相因子 $e^{ik\cdot R_n}$，而位相因子不影响波函数模的大小，即在不同晶胞相同对应点上，电子的存在概率是相等的。

对于仅具有二维周期性的表面和界面问题，为了使其能够仍然满足三维周期性，在使用 CASTEP 软件计算时，采用了超晶胞(Supercell)方法。其基本的建模思路是：构建一个包含有一定厚度真空层的表面构型，并对其施加有三维周期性边界条件，如图 2-4 所示。

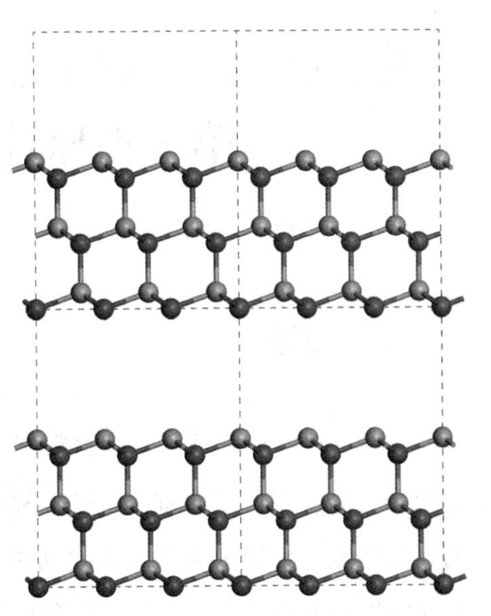

图 2-4 **β**-SiC(111)表面超晶胞模型的示意图

需要说明的是，表面构型中所包含的原子层数应当具有足够的厚度，以保证表面构型深处的原子具有体相特征。一般需要通过考察表面性质(如表面能)随原子层数增大时的收敛性，来确定合适的原子层数。此外，超晶胞中的真空层厚度也应足够厚，以避免顶面和底面原子之间的“虚拟”交互作用。

第3章 β-SiC(111)/α-Ti(0001)界面第一性原理研究

3.1 简述

连续 SiC 纤维增强钛基复合材料(SiC_f/Ti)具有高的比强度和比模量、优良的高温力学性能。相比于普通钛合金，SiC_f/Ti 复合材料具有更高的力学性能，更好的高温性能，可用于航空航天发动机。开展 SiC_f/Ti 的研究对推动我国航空航天工业的发展具有重要意义。从复合材料微观结构出发，基体与纤维增强体之间的界面对复合材料的整体性质具有决定性影响。因此，有必要对 SiC/Ti 界面进行深入研究。

目前已经有许多关于 SiC/Ti 界面的实验研究，一般地，SiC_f/Ti 复合材料的制备及其服役过程均需要暴露于高温环境下，此时，SiC 纤维与 Ti(合金)基体之存在界面反应，在 SiC 和 Ti 之间的界面处会产生新的界面相，生成一定厚度的界面反应层，比如钛的碳化物和硅化物，其中 TiC 是一个最为主要的组分。为了更深入地了解 $\beta-SiC_f/\alpha-Ti$ 基复合材料界面，有必要在形成界面化合物之前，研究 β-SiC 与 α-Ti 的直接接触面，即开展 β-SiC/α-Ti 界面的研究。

计算机建模和模拟，尤其是使用密度泛函(DFT)的第一性原理计算，常被用来在原子尺度，甚至是电子尺度上，给出两固体相界面的一些基本信息。第一性原理计算不仅能提供详尽的界面原子结构和电子结构，也能够从理论上预测其稳定性、黏附强度、断裂韧性。对于 SiC/Ti 界面的第一性原理研究，现有的文献并不多，且内容多集中在界面的成键本质等与电子器件有关的特性。以分子轨道理论为框架，对于 α-SiC(0001)、β-SiC(0001)与 α-Ti(0001)之间界面成键的研究工作表明：界面成键主要是由于 Ti 金属的电子转移到 SiC 表面原子的半满带隙中，并且表面处 Si、C 原子与 Ti - 3d 之间的成键可使其 $s-p$ 杂化的半满轨道趋于稳定。使用第一性原理计算方法，Kohyama 和 Tanaka 等人分别考察了 β - SiC/β - Ti 界面的电子结构和肖特基势垒(Schottky - barrier Heights，SBH)，旨在对新型电子器件的开发进行探索。

综上，采用第一性原理对 β - SiC(111)/α - Ti(0001)界面进行研究，能够得到 β - SiC_f/α - Ti 复合材料界面在形成界面新相之前的原子(或电子)信息，有助于深入理解该复合材料界面的微观原子结构和界面结合本质，然而，在已发表的文献中尚难以检索到相关报道。考虑到晶体学的匹配关系，并根据以往的有关研究结果，C 原子封端的 SiC 表面与金属的互作用更强，本章对 C 原子封端的 β - SiC(111)与 α - Ti(0001)之间的界面进行第一性原理研究，分别考察界面处不同的原子堆垛位置和 α - Ti(0001)中 Ti 原子堆垛方式对黏附功、界面能、电子结构的影响，明确界面原子构型、界面结合强度和界面成键本质，并预测了该界面的断裂韧性。

3.2 研究过程细节

3.2.1 建模过程及计算方法

有关 β - SiC 纤维的研究表明，SiC 晶粒的形核和生长都优先发生于(111)位向，即 β - SiC 纤维的表面更有可能是(111)晶面。而(0001)也是 α - Ti 的一个稳定低指数面。基于此，针对 β - SiC(111)/α - Ti(0001)界面建立模型，并考虑了不同的堆垛位置和 Ti 原子“倾斜方向”(即 α - Ti(0001)中 Ti 原子的堆垛方式)。通过计算优化构型、黏附功和电子结构，明确堆垛位置和 Ti 原子“倾斜方向”对于界面稳定性、原子成键、断裂韧性的影响。

采用 CASTEP 软件进行第一性原理计算，该软件采用基于密度泛函的平面波超软赝势方法。通过使用自洽场(SCF)方式求解 Kohn - Sham 方程，使电子能量最小化，得到体系的基态。SCF 收敛值为 5.0×10^{-7} eV/atom。同时，采用 Broyden - Fletcher - Goldfarb - Shanno(BFGS)最小化算法进行迭代，使体系原子结构弛豫达到体系总能的最小值，从而实现几何优化(geometry optimization)。BFGS 收敛容差设为：能量偏差 5.0×10^{-6} eV/atom，原子受力最大值 0.01eV/Å。各原子超软赝势中所考虑的价电子分别是 Si $3s^23p^2$，C $2s^22p^2$，Ti $3s^23p^63d^24s^2$。

3.2.2 参数选定和体相计算

为了保证所选用的交换关联泛函(exchange correlation functional)和计算参数(主要是截断能 cut off energy 和布里渊区取样点 $\boldsymbol{k}$ - points)能够得到精确的计算结果，首先进行了收敛性测试，以选定合适的交换关联泛函和计算参数。然后，再对体相 β - SiC 和 α - Ti 进行充分优化，得到其晶格常数、体模量、弹性常数，并将计算值与实验值或其他第一性原理计算的文献数据相比较，确保计算所得结果精确可靠。

纯钛体相有两种结构：室温下是密排六方的 α - Ti，升温至 882℃ 转变为体心立方的 β - Ti。碳化硅体相也有多种结构，用于制备 SiC_f/Ti 复合材料的通常是 β - SiC 纤维，它具有闪锌矿晶体结构(类似于金刚石)。根据相关实验数据分别建立了体相 α - Ti 和 β - SiC 的单胞模型。

(1)截断能和 $\boldsymbol{k}$ - points 的收敛性测试。分别对 β - SiC 和 α - Ti 单胞进行收敛性测试，以确定合适的截断能和 $\boldsymbol{k}$ - points。以截断能的收敛性测试为例说明如下：固定 $\boldsymbol{k}$ - points 的取值，分别取一系列不同的截断能，对两种体相晶格模型进行完全优化，作图观察晶格常数随截断能的收敛趋势，据此取定合适的截断能。图 3 - 1 和图 3 - 2 分别为两种体相截断能和 $\boldsymbol{k}$ - points 的收敛性测试曲线。

由图 3 - 1 截断能的收敛性曲线中可见，当截断能为 350eV 以上，晶格参数已经收敛。由图 3 - 2 $\boldsymbol{k}$ - points 的收敛性测试中可见，当 SiC 和 Ti 晶格的 $\boldsymbol{k}$ - points 分别为 4 ×4 ×4 和 4 ×4 ×2 时，就已经收敛。

为保证计算精度，并参考已发表文献中的相关设置，在本节中将截断能设定为 550eV，SiC 和 Ti 的 $\boldsymbol{k}$ - points 分别设定为 11 ×11 ×6 和 11 ×11 ×11。需要说明的是，相比于收敛性测试得到的 350eV 和 4 ×4 ×4(SiC)和 4 ×4 ×2(Ti)，这些参数均设得较高，其目的是在计算能力满足的前提下，尽可能保证计算精度。

(2)不同交换关联泛函的比较和选定。对体相 α - Ti 和 β - SiC 分别使用了三种不同的泛函进行几何优化，这三种泛函是：LDA - CAPZ，GGA - PBE 和 GGA - PW91。分别计算了 SiC 和 Ti 体相的晶格常数(a，c)、单原子体积(V_0)、弹性常数(C_{ij})和体模量(B)，结果列于表 3 - 1。其中部分体模量是由弹性常数计算得来的，计算方法为：对于立方晶格，存在三个独立的弹性常数，即 C_{11}、C_{12}和 C_{44}，

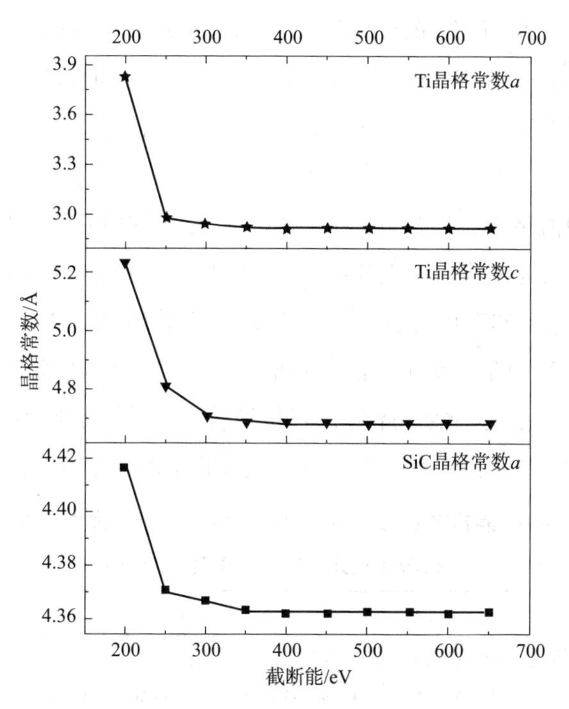

图 3-1 α-Ti 和 β-SiC 晶格的截断能收敛测试曲线(k-points：Ti 7×7×4；SiC 7×7×7)

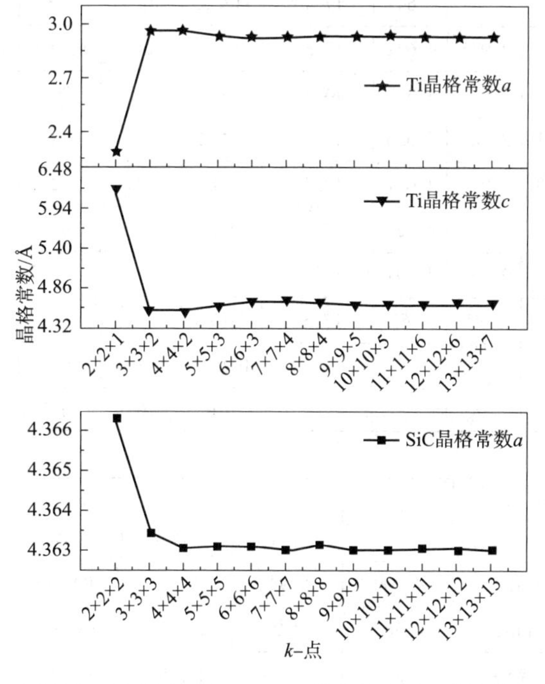

图 3-2 α-Ti 和 β-SiC 晶格 k-points 的收敛测试曲线(截断能=350eV)

而其体模量与 C_{11}、C_{12} 有关系式：$B=1/3(C_{11}+2C_{12})$。对于密排六方晶格，共有五个独立的弹性常数，即 C_{11}、C_{12}、C_{44}、C_{13} 和 C_{33}，而其体模量与其中四个存在关系式：$B=2/9(C_{11}+C_{12}+2C_{13}+1/2C_{33})$。

表 3－1 中的结果表明，使用 LDA－CAPZ 泛函所计算的晶格常数要比使用 GGA 方法得到的值略小，这与针对其他体系计算中的“LDA 过束缚”(LDA over－binding effect)现象是一致的。表 3－1 中还列出了 β－SiC 和 α－Ti 在相关文献中的实验和计算数据，本节的计算结果，尤其是使用 GGA－PBE 泛函所得的结果，与这些数据具有良好的一致性。且在其他的文献中，GGA 交换关联泛函也被用来计算 Ti 和 SiC 的相关特性。此外，有报道称 SiC 的表面特性不能用 LDA 方法进行精确描述，所以，在本章后续计算中均使用 GGA－PBE 泛函。

表 3－1　晶格常数(a，c)，单原子体积(V_0)，弹性常数(C_{ij})和体模量(B)的计算结果及实验数据

数据来源	计算方法	α－Ti								
		a/Å	c/Å	V_0/(Å^3/atom)	B/GPa	C_{11}/GPa	C_{12}/GPa	C_{13}/GPa	C_{33}/GPa	C_{44}/GPa
模拟计算结果	LDA－CAPZ	2.866	4.537	16.13	127.30	187.20	100.08	90.39	210.10	38.11
	GGA－PBE	2.941	4.647	17.40	112.55	170.34	92.31	70.49	206.18	43.27
	GGA－PW91	2.935	4.642	17.31	113.30	170.82	91.80	72.67	204.33	42.39
以往模拟数据	LDA	2.752	4.362	14.30	119.7	182	94	82	198	44
	GGA－PBE	2.864	4.536	16.11	109.4	168	88	72	185	49
	GGA－PW91	2.919	4.621	13.43	118	193	72	85	188	40
	—	2.923	4.627	17.12	120	—	—	—	—	—
	—	2.983	4.591	17.69	110	—	—	—	—	—
以往实验数据	—	2.95	4.65	17.52	107	—	—	—	—	—
	—	—	—	—	107.3[a]	162.4	92	69	180.7	46.7
	—	—	—	—	110.0[b]	176.1	86.9	68.3	190.5	50.8

数据来源	计算方法	β－SiC					
		a/Å	V_0/(Å^3/atom)	B/GPa	C_{11}/GPa	C_{12}/GPa	C_{44}/GPa
模拟计算结果	LDA－CAPZ	4.300	9.94	229.34	408.09	139.97	260.33
	GGA－PBE	4.363	10.27	211.61	385.00	124.92	241.63
	GGA－PW91	4.362	10.38	211.81	386.66	124.39	243.88

续表

数据来源	计算方法	β - SiC					
		a/ Å	V_0/ (Å^3/atom)	B/ GPa	C_{11}/ GPa	C_{12}/ GPa	C_{44}/ GPa
以往模拟数据	LDA(FP - LMTO)	4.315	10.04	223	420	126	287
	LDA - CAPZ	4.145	8.90	219	390	134	253
	—	4.311	10.01	223.2	—	—	—
	GGA - PBE & PW91	4.39	10.58	217	—	—	—
	First - principle DFT	4.376	10.47	213	—	—	—
以往实验数据	—	4.358	10.346	—	—	—	—
	—	—	—	225	390	146	252
	—	4.3596	10.357	211[c]	352	142	256

注：[a] 298K 下的体模量 B，由弹性常数计算得到 $B=2/9(C_{11}+C_{12}+2C_{13}+1/2C_{33})$。
[b] 4K 下的体模量 B，由弹性常数计算得到 $B=2/9(C_{11}+C_{12}+2C_{13}+1/2C_{33})$。
[c] 体模量 B 由弹性常数计算得到 $B=1/3(C_{11}+2C_{12})$。

3.2.3 表面原子层数和表面能

如图 3 -3 所示，β - SiC(111)晶面存在两种未饱和键和两种不同的表面原子封端。对于两种未饱和键，一种是每个表面原子有三个未饱和键，另一种是每个表面原子只有一个未饱和键。根据热力学的基本理论，存在三个未饱和键的表面能一定大于只有一个未饱和键的表面能，因此具有一个未饱和键的表面更为稳定。此外，β - SiC(111)还有 Si 和 C 封端的(Si - 和 C - terminated)两种不同的表面原子构型。以往的研究表明，碳封端 SiC 表面与金属(例如 Ti，Al)的界面结合比硅封端 SiC 表面的更强。因此，本节仅就碳封端的且仅仅具有一个未饱和键的 β - SiC(111)表面，及其与 α - Ti(0001)的界面进行理论研究。

在表面和界面建模中使用了具有周期性边界的超晶胞方法。在两自由表面(顶面和底面)之间加入厚度大于 10Å 的真空层，以避免二者间产生电荷互作用。表面层的原子层数应足够厚，以保证表面深处的原子具有体相原子的特征。但随着原子层数(即原子数目)的增加，所需硬件资源和计算时间将极大增加，因此，需要进行收敛性测试以选定合适的表面原子层数。

分别计算具有不同原子层数的表面模型所具有的表面能，观察其收敛趋势，据此取定合适的表面原子层数。固相晶体的表面能(γ_s)是将晶体沿某晶面分割为

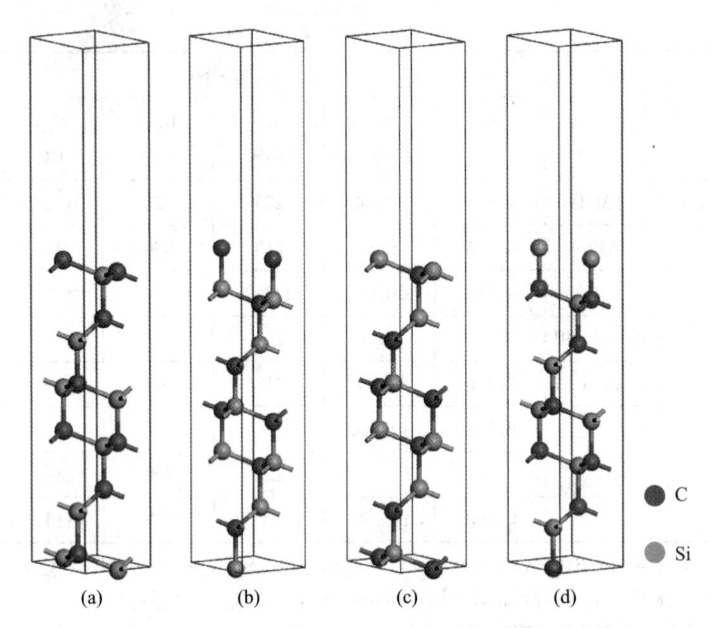

图3－3　不同构型的 SiC(111)表面[C 封端(a，b)，Si 封端(c，d)；一个未饱和键(a，c)，三个未饱和键(b，d)]

两半，形成单位新表面所需要的能量，并可用于描述表面稳定性。可参照下述表达式对其进行计算：

$$\gamma_s \approx [E_{slab}(N) - NE_{bulk}]/(2A_s) \tag{3-1}$$

式中　$E_{slab}(N)$——表面超晶胞的总能；

N——该超晶胞中的原子(或分子式)数目；

E_{bulk}——体相中单个原子(或分子式)所具有的总能；

A_s——相应的表面积；

2——模型中具有两个相同的表面。

在本节中，分别计算了具有不同原子层数的 α－Ti(0001)和 β－SiC(111)的表面能，结果显示当 Ti(0001)板块的原子层数在八层以上，SiC(111)板块的原子层数在十二层以上时，表面能就已经收敛得较好了(参见表3－2)。

需要指出的是，对于 SiC(111)板块，当原子层数为偶数时，其上、下表面分别是碳封端和硅封端的，此时根据式(3－1)计算得到的 SiC(111)表面能恰好是两种封端的平均值，即 $\gamma_{s,SiC(111)} = (\gamma_{s,SiC(111)-C} + \gamma_{s,SiC(111)-Si})/2$。八层原子的 Ti(0001)和十二层原子的 SiC(111)所计算得到的表面能分别是 $\gamma_{s,Ti(0001)} = 2.05\text{J/m}^2$ 和 $\gamma_{s,SiC(111)} = 4.28\text{J/m}^2$。且该表面能结果，或 Ti(0001)和 SiC(111)的原子层数与

以往的相关实验和计算是一致的。例如，对于 Ti(0001)表面能，Tyson 给出的实验估算值为 1.99J/m^2，Silva 采用 LDA 和 GGA 泛函分别计算得到的范围是 1.98 ~ 1.99J/m^2 和 2.02 ~ 2.27J/m^2，此外，也有第一性原理计算的计算结果为 2.15J/m^2 和 1.96J/m^2。此外，考虑到七层的 Ti(0001)表面已应用于以往的计算并给出了良好的结果，本章后续的表面和界面计算中将采用八层的 Ti(0001)构型。

表 3-2 表面能(γ_s)相对于原子层数的收敛性

原子层数(n)	不同原子封端情形下的表面能/(J/m^2)	
	Ti(0001)封端	SiC(111)封端
3	2.21	—
4	2.13	3.47
5	2.08	—
6	2.05	3.96
7	2.05	—
8	2.05	4.18
10	—	4.25
12	—	4.28
14	—	4.28
16	—	4.28

3.2.4 β-SiC(111)/α-Ti(0001)界面模型

界面模型的建模是将八层 α-Ti(0001)叠摞在 C 封端的十二层 β-SiC(111)基底上。其点阵失配度仅有 4.2%。考虑到不同的堆垛位置和 Ti 原子的不同倾斜方向(或者说是 Ti 原子的堆垛方式)，本节中共对六种不同的界面构型进行了讨论(界面Ⅰ~界面Ⅵ)(参见图 3-4)。

其中考虑了三种可能的堆垛位置：界面Ⅰ~界面Ⅱ中界面处的 Ti 原子位于 C 原子的中心位置(center-sited)，界面Ⅲ~界面Ⅳ 中其位于 C 原子的孔穴位置(hollow-sited)，界面Ⅴ~界面Ⅵ中其位于 C 原子的顶位位置(top-sited)。六种构型中考虑了两种不同的 Ti 原子的倾斜方向(即 Ti 原子的堆垛方式)：在界面Ⅰ、界面Ⅲ和界面Ⅴ中是一种倾斜方向，在界面Ⅱ、界面Ⅳ和界面Ⅵ中是另一种倾斜方向。

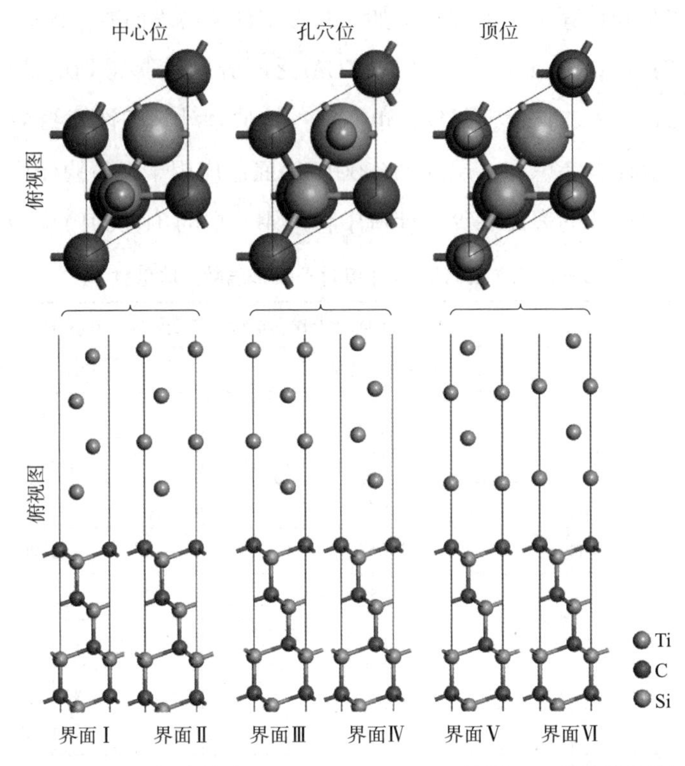

图3-4　六种碳封端 SiC(111)/Ti(0001)界面，三种堆垛位置

[中心位堆垛(界面Ⅰ~界面Ⅱ)，孔穴位堆垛(界面Ⅲ~界面Ⅳ)和顶位堆垛(界面Ⅴ~界面Ⅵ)；两种 Ti 原子倾斜方向：界面Ⅰ、界面Ⅲ、界面Ⅴ中 Ti 原子倾斜方向相同，而界面Ⅱ、界面Ⅳ、界面Ⅵ是另一种倾斜方向。在 Top views 中显示了五层原子，小球体表示界面处的 Ti 原子，中等球体表示第一层 C 原子和第二层 Si 原子，大球体表示第三层 C 原子和第四层 Si 原子，银色、深灰色和黄色球体分别表示 Ti、C 和 Si]

对于界面建模，在进行几何优化之前，初始模型中应具有合适的界面间距。这将有助于建立尽可能合理的界面模型，并缩短所需的计算时间。本节中，合理的界面间距是经由 UBER(Universal Binding Energy Relation)方法得到的。在确定了合适的初始界面间距后，建立具有合理初始间距的界面超胞模型，再对其进行弛豫优化。

3.3　结果和讨论

3.3.1　黏附功

对于界面而言，黏附功(W_{ad})可以定义为分离 α 和 β 两凝聚相之间的界面，生成两个自由表面时，所需要的单位面积上的可逆功：

$$W_{ad} = (E_{slab,\alpha} + E_{slab,\beta} - E_{\alpha/\beta})/A_i \quad (3-2)$$

式中 E_{slab}——完全弛豫后的表面板块的总能；

$E_{\alpha/\beta}$——α/β 界面的总能；

A_i——界面的面积。

本节中使用两种不同方法计算 W_{ad}，第一种是前文提到的 UBER 方法：对于每种界面模型，取一系列不同的界面间距(d_0)，分别计算 W_{ad}，从而得到 $W_{ad} - d_0$ 曲线(如图 3-5 所示)，该曲线的峰值对应着“最大”的黏附功和“最优”界面间距(列于表 3-3 的 UBER 栏)。

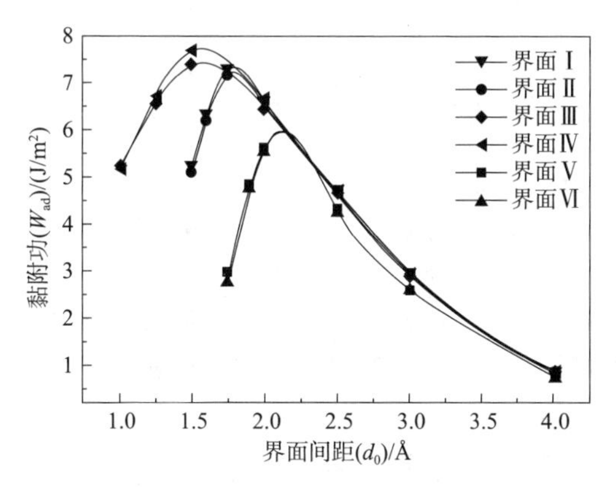

图 3-5 六种 β-SiC(111)/α-Ti(0001)界面模型的 UBER 曲线

第二种方法是以 UBER 方法得到的界面间距建立模型，对其进行充分弛豫后，得到界面平衡间距 d_{eq}，并计算其黏附功，该方法所得结果列于表 3-3 的“完全弛豫”栏。图 3-6 所示为六种 SiC(111)/Ti(0001)模型充分弛豫后的界面原子构型。

表 3-3 两种方法计算的黏附功(W_{ad})、界面间距(d_0，d_{eq})和弛豫优化后的原子间距

界面模型	堆垛位置	UBER		完全弛豫			
		d_0/Å	W_{ad}/(J/m^2)	d_{eq}/Å	W_{ad}/(J/m^2)	Ti—C 间距/Å	Ti—Si 间距/Å
Ⅰ	中心位	~1.79	~7.33	1.71	7.56	2.449	2.480
Ⅱ	中心位	~1.80	~7.22	1.73	7.41	2.462	2.491
Ⅲ	孔穴位	~1.58	~7.43	1.52	7.63	2.326	2.803

续表

界面模型	堆垛位置	UBER		完全弛豫			
		d_0/Å	W_{ad}/(J/m^2)	d_{eq}/Å	W_{ad}/(J/m^2)	Ti—C 间距/Å	Ti—Si 间距/Å
Ⅳ	孔穴位	~1.58	~7.71	1.52	7.94	2.325	2.808
Ⅴ	顶位	~2.12	~5.94	2.03	5.44	2.033	5.968
Ⅵ	顶位	~2.12	~5.96	2.04	5.65	2.042	5.980

注：Ti—C 间距是指界面 Ti 原子与 SiC 表面板块第一层 C 原子之间的距离；Ti—Si 间距是指界面 Ti 原子与 SiC 表面板块第二层 C 原子之间的距离。

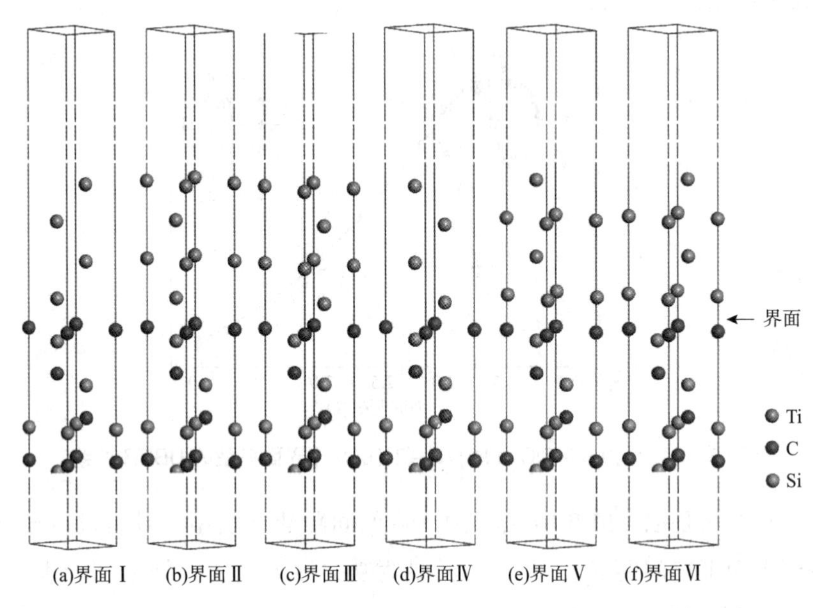

图 3-6 优化后六种 β-SiC(111)/α-Ti(0001)的界面原子构型

从表 3-3 中可见，两种方法所得到的 W_{ad} 和 d_0 是彼此相一致的。充分弛豫后的计算结果可以看作是六种模型的平衡态数值。堆垛位置对于平衡态的黏附功和界面间距具有很大影响，孔穴位(hollow-sited)叠放界面(界面Ⅲ、界面Ⅳ)具有最大的 W_{ad} 和最小的 d_{eq}。W_{ad} 按孔穴位(hollow-sited)、中心位(center-sited)、顶位(top-sited)的次序减小，而 d_{eq} 则按此顺序增大。Ti 原子的倾斜方向(或 Ti 原子的堆垛次序)对黏附功和界面间距的影响较弱，对于堆垛位置相同但 Ti 原子倾斜方向不同的模型，其 W_{ad} 和 d_{eq} 均彼此近似，比如界面Ⅲ和界面Ⅳ，具有相同的 d_{eq} 和非常接近的 W_{ad}(偏差小于 4.06%)，且在以往的研究中也存在类似的情形。

相比于顶位堆垛的界面(界面Ⅴ～界面Ⅵ)，孔穴位和中心位的界面(界面Ⅰ～界面Ⅳ)具有较大的 W_{ad} 和较小的 d_{eq}。这是由于，对于界面Ⅰ～界面Ⅳ，每个界面处的 Ti 原子都位于界面 C 原子三角形的中心位置上[如图 3－6(a)～(d)所示]。因此，孔穴位和中心位界面中的每个界面 Ti 原子均与三个 C 原子产生交互作用。但对于界面Ⅴ～界面Ⅵ，在顶位界面中每个界面处的 Ti 原子只与一个 C 原子产生作用[如图 3－6(e)，(f)所示]。界面原子距离(参见表 3－3)也能够加以佐证：在孔穴位界面模型(界面Ⅲ～界面Ⅳ)中的 Ti—C 和 Ti—Si 距离最为接近体相 TiC 中的 Ti—C 距离(2.172Å)和钛硅化合物中的 Ti—Si 距离(2.60～2.80Å)。而中心位界面(界面Ⅰ～界面Ⅱ)中的 Ti—Si 距离小于钛硅化合物中的 Ti—Si 距离，顶位界面(界面Ⅴ～界面Ⅵ)中的 Ti—C 距离小于 TiC 中的 Ti—C 距离。

基于以上讨论，可以合理推断：①孔穴位界面中的原子间互作用是最强的，其界面结合紧密，产生较强的黏附作用，并且在热力学上也更稳定。②Ti 原子的倾斜方向对于界面结合强度的影响极其有限。其原因可以归结为 SiC(111)表面原子(C、Si)与 Ti(0001)第一层 Ti 原子间的互作用更强，而第二层 Ti 原子(或内部的 Ti 原子)在界面结合上所产生的作用非常弱。因此，Ti 原子的倾斜方向对于 W_{ad} 和 d_0 是无关紧要的，也可以说，相比于界面堆垛位置的影响，Ti 原子堆垛方式的影响是有限和次要的。

3.3.2 界面能

常与界面稳定性联系起来的另一个热力学量是界面能 γ_{int}，其定义是体系中形成界面后每单位面积上的多余能量，其本质上来源于界面处原子化学键的改变和结构应变。由于实验测量较为困难，界面能 γ_{int} 的实验值很少见诸于文献。对于固－固界面常将其忽略，即认为 $\gamma_{int}=0$。如果对于两个类似的固相，其界面能 γ_{int} 很小，将其忽略为零是可以接受的。如果两个固相材料完全不同，则其界面能应该为正值，这是由结构错配所产生的界面失配应变所导致的。特别是对于负的界面能而言，其对界面结构和形态具有更显著的影响。在热力学上，具有负界面能的界面在热力学上是不稳定的，一般认为，界面能为负时可以提供一个驱动力，推动界面附近的原子扩散通过界面，即产生界面合金化，甚至形成新的界面相，对于金属－金属体系中负的界面能，以及经由扩散所形成的界面合金化，已有许多相关的报道。从热力学角度来看，应该只有当界面能足够负的情形下，界面合金化才会发生。

界面能 γ_{int} 可以按照式(3－3)进行计算：

$$\gamma_{int}=\frac{E_{\alpha/\beta}(N,\ M)-NE_{\alpha}^{bulk}-ME_{\beta}^{bulk}}{A_i}-\gamma_{\alpha}-\gamma_{\beta} \quad (3-3)$$

式中　A_i——界面积；

$E_{\alpha/\beta}$——界面体系的总能；

E_{α}^{bulk}、E_{β}^{bulk}——体相 α 和 β 中单个原子(或分子式)所具有的总能；

N、M——界面模型中 α 和 β 相的原子(或分子式)数目；

γ_{α}、γ_{β}——α 和 β 相的表面能。

六种模型计算所得的界面能列于表 3－4 中。中心位和孔穴位界面的 γ_{int} 均为负值，而顶位界面的 γ_{int} 是正值。其排序为：顶位 > 中心位 > 孔穴位。这意味着界面合金化更有可能发生于孔穴位和中心位的界面中，且在孔穴位界面上，经由原子扩散形成新界面相的可能性最大。

对于黏附功(W_{ad})和界面能(γ_{int})存在关系式：$W_{ad}=\gamma_{\alpha}+\gamma_{\beta}-\gamma_{int}$。因此，较小的 γ_{int} 将形成较大的 W_{ad}，而本文的计算结果与此关系式相符。

此外，通过比较界面能计算结果可见，相比于界面堆叠位置而言，Ti 原子的倾斜方向(Ti 原子的堆垛方式)对于界面能的影响较为次要。

表 3－4　六种 β－SiC(111)/α－Ti(0001) 界面模型的界面能(γ_{int})

堆垛位置	界面模型	γ_{int}/(J/m^2)
中心位	Ⅰ	－0.64
	Ⅱ	－0.47
孔穴位	Ⅲ	－0.97
	Ⅳ	－1.29
顶位	Ⅴ	0.99
	Ⅵ	0.91

3.3.3　界面断裂韧性

1. 黏附功和界面断裂韧性

经由复合材料基体到增强相的应力传递和转移过程与二者的界面具有直接关系。因此，界面对于复合材料的力学性能，尤其是其断裂行为具有显著影响。

SiC 和 Ti 基体的物理和力学性能完全不同，界面开裂是 SiC 纤维增强钛基复合材料失效的一个主要原因。为了提高抗界面开裂性，已经有许多关于其界面断裂韧性的研究，这些研究主要关注应力强度因子 K 或应变能释放率 G。

从材料科学的观点出发，断裂韧性是用以描述本已存在微裂纹的材料抵抗断裂的能力。根据断裂能和黏附功之间的能量关系，界面断裂失效可以定义为将异质界面分离形成两个不同均匀相的过程，其中 W_{ad} 常被用于评价界面断裂韧性和热力学特性。W_{ad} 与裂纹扩展所需临界应力 σ_F 之间的关系可用 Griffith 方程描述：

$$\sigma_F = \sqrt{\frac{W_{ad}E}{\pi c}} \tag{3-4}$$

式中 E——杨氏模量；

c——裂纹长度。

可见，黏附功 W_{ad} 越大，则临界应力 σ_F 越大，且断裂韧性越高。此外，根据 Chen 和 Bielawski 的研究，沿着特定[hkl]方向的界面断裂韧性可由式(3-5)进行计算：

$$K_{Ic}^{int} = \sqrt{4W_{ad}E_{hkl}} \tag{3-5}$$

式中 E_{hkl}——体相材料沿着特定晶向[hkl]所具有的杨氏模量。

由于界面两侧的两种材料具有不同的 E_{hkl}，因此，对于每一种界面模型，该文献都基于两种不同材料的 E_{hkl}，给出了两个 K_{Ic}^{int}。

根据以上表达式，如果对于不同界面模型的 E（或 E_{hkl}）和 c 是定值，则参考表 3-3 中所得的黏附功(W_{ad})，可以评估六种不同界面模型的临界应力 σ_F 和临界应力强度因子 K_{Ic}^{int}，其大小排序如下：界面Ⅳ > 界面Ⅲ > 界面Ⅰ > 界面Ⅱ > 界面Ⅵ > 界面Ⅴ。可见，对于不同的堆垛位置，σ_F 和 K_{Ic}^{int} 排序为：孔穴位(hollow-site) > 中心位(center-site) > 顶位(top-site)，即孔穴位堆垛的界面具有最大的界面断裂韧性，而顶位堆垛界面的断裂韧性最小。

2. 界面能和界面断裂韧性

根据 Zhou 和 Zhao 等人的研究，裂纹在体相材料扩展过程中，随着原子键的断裂，最终形成两个新的表面。根据 Griffith 理论，在平衡裂纹上的弹性驱动力(Γ)可以用以下等式表示：

$$\Gamma = \frac{(1-\nu)K_I^2}{2G} \tag{3-6}$$

式中　ν——泊松比；

G——剪切模量；

K_{I}——应力强度因子。

在裂尖处，新形成表面的表面张力($2\gamma_s$)与弹性驱动力(Γ)相互平衡。于是，对于Ⅰ型加载方式，平衡裂纹尖端处的临界驱动力将产生如下所示的临界应力强度因子 K_g：

$$K_g = 2\sqrt{\frac{\gamma_s G}{1-\nu}} \tag{3-7}$$

并且在裂纹扩展过程中，应力强度因子必定比理论断裂韧性 K_g 要大。

实际上，当裂纹沿着两相界面扩展时，必定会产生两个完全不同材料的表面。在裂尖处的力，即与弹性驱动力(Γ)相平衡的力，应该修正为：两个新形成表面的表面张力之和($\gamma_{s,\alpha}+\gamma_{s,\beta}$)和消失的界面能($\gamma_{int,\alpha/\beta}$)之间的差值，即($\gamma_{s,\alpha}+\gamma_{s,\beta}-\gamma_{int,\alpha/\beta}$)。据此，在Ⅰ类加载方式下，$\alpha/\beta$ 界面处的临界应力强度因子可修正为：

$$K_g = \sqrt{\frac{(\gamma_{s,\alpha}+\gamma_{s,\beta}-\gamma_{int,\alpha/\beta})G_{int}}{1-\nu_{int}}} \tag{3-8}$$

式中　$\gamma_{int,\alpha/\beta}$——$\alpha/\beta$ 界面的界面能；

$\gamma_{s,\alpha}$、$\gamma_{s,\beta}$——界面断裂后两种不同材料表面的表面能；

G_{int}、ν_{int}——界面的剪切模量和泊松比。

考虑到在前文中已经得到 $\gamma_{s,Ti}=2.05\mathrm{J/m^2}$、$\gamma_{s,SiC}=4.28\mathrm{J/m^2}$，如果对于六种界面模型的 G_{int} 和 ν_{int} 都近似看作常数，则参照计算所得的界面能，这六种界面模型的理论临界应力强度因子 K_g 可排序为：界面Ⅳ>界面Ⅲ>界面Ⅰ>界面Ⅱ>界面Ⅵ>界面Ⅴ。这也意味着孔穴位堆垛界面的断裂韧性要比其他两种堆垛位置的断裂韧性更大，而顶位堆垛界面的断裂韧性最小，该结论与上述由黏附功推导所得结论是一致的。

3.3.4　电子结构

为了更深入地了解界面处的电子互作用和电荷分布，图 3-7 和图 3-8 分别给出了六种 SiC(111)/Ti(0001)界面模型在完全弛豫优化后的价电子密度分布和价电子密度分布差分图，其单位均为 electrons/Å^3。可见，不同界面模型的界面电子互作用存在较大差别。比如，孔穴位堆垛界面的价电子互作用显然要比中心位的电子互作用更强，而顶位堆垛界面的电子互作用最弱。

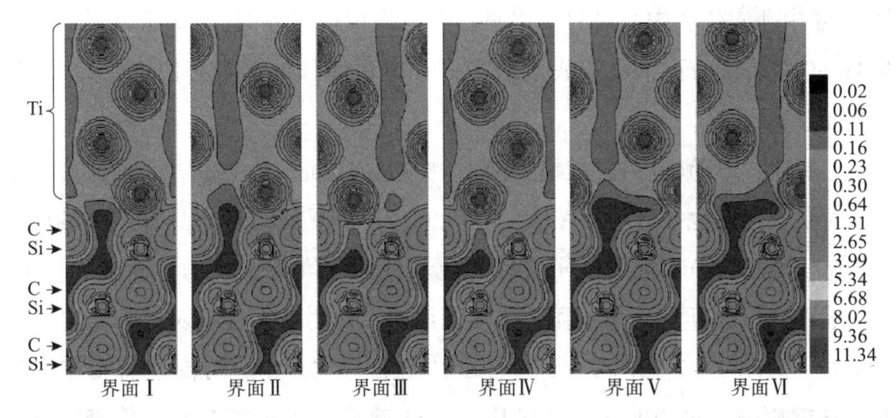

图3－7 六种β－SiC(111)/α－Ti(0001)界面模型沿(110)平面价电荷密度分布：中心位界面(Ⅰ～Ⅱ)，孔穴位界面(Ⅲ～Ⅳ)和顶位界面(Ⅴ～Ⅵ)

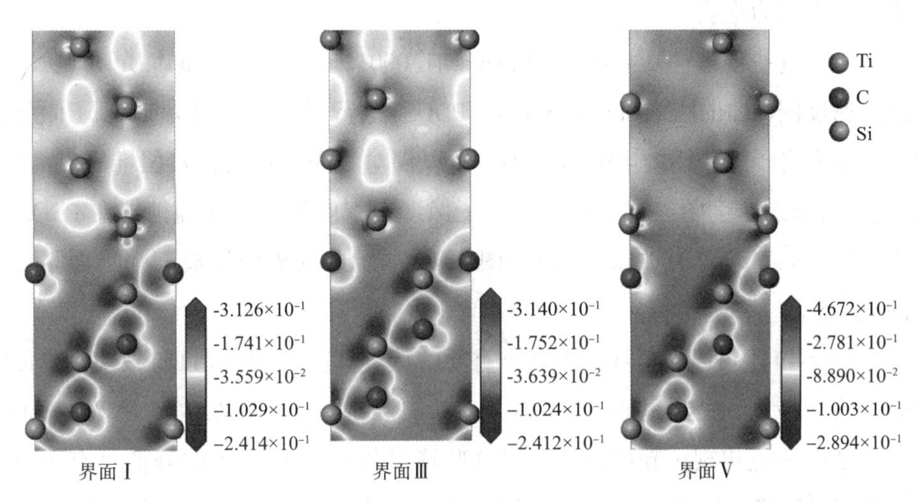

图3－8 β－SiC(111)/α－Ti(0001)界面模型沿着(110)平面的价电荷密度差分图：Ⅰ、Ⅲ、Ⅴ分别是中心位、孔穴位和顶位堆垛界面。

比较堆垛位置相同，而不同Ti原子倾斜方向界面模型的电荷密度分布图，其价电荷的互作用(界面成键)非常近似。这也再次证实了在堆垛位置相同的前提下，Ti原子的倾斜方向对界面成键的影响非常有限。

界面原子的堆垛位置对电荷转移和分布也具有影响。从图3－7和图3－8中可以看出，尽管顶位堆垛界面(界面Ⅴ～界面Ⅵ)中C－Ti原子对的价电荷互作用最强，但其界面Ti—Si原子的互作用却比孔穴位和中心位堆垛界面(界面Ⅰ～界面Ⅳ)弱得多。这一点也可由表3－3中的界面原子距离加以印证：顶位堆垛界面中的Ti—C距离是最小的，但其Ti—Si距离却是最大的。此外，通过比较图3－7

和图 3 –8 中孔穴位和中心位界面可见：在孔穴位堆垛界面(界面Ⅲ ~界面Ⅳ)中，沿着 Ti—C 键轴线方向的电荷密度较高，其电荷转移也比中心位堆垛界面(界面Ⅰ ~界面Ⅱ)更强。

综上所述：电荷转移按照顶位界面、中心位界面、孔穴位界面的次序依次增大，界面结合强度也按此顺序增大。在孔穴位堆垛界面结合中具有更多的电荷转移或杂化，即孔穴位界面的电子互作用比其他两种堆垛位置的界面更强。因此，孔穴位堆垛模型的界面结合更强，该界面结构在热力学上也相对更为稳定。

此外，由图 3 –7 和图 3 –8 均可以看出沿着 Ti—C 键的价电荷转移要比沿着 Ti—Si 键更强。这说明 Ti—C 键比 Ti—Si 键具有相对更多的共价键特征，界面 Ti—C 比 Ti—Si 键更强。因此，可以判定，Ti—C 互作用对界面结合强度的贡献更多，也更为重要。

为了更进一步理解 β - SiC(111)/α - Ti(0001)界面中的成键本质，对价电子分波态密度图(Partial Density of States，PDOS)进行了分析。因为 Ti 原子倾斜方向对于界面电子互作用的影响非常小，所以仅对最为稳定的孔穴位堆垛界面(界面Ⅳ)的分波态密度图进行了讨论。为了保证态密度计算的准确性，在 PDOS 计算中，$\boldsymbol{k}$ - points 设置为 21 ×21 ×1。图 3 –9 所示即为界面Ⅳ模型中界面附近原子的 PDOS 图。

从图 3 –9 中可以观察到以下几个重要的特点：首先，SiC(111)板块中界面附近原子的 DOS 图，尤其是第一层 C 原子和第二层 Si 原子，均在 –3. 5eV、 –1. 0eV 和 +1. 0eV 附近出现了新的峰值，且这些峰值与界面 Ti 原子的峰值具有对应关系。这些对应峰及其交叠部分表明了 C、Si 和 Ti 轨道之间的杂化，主要是 C –2p、Si –3p 和 Ti –3d 之间的杂化。这进一步证实了 β - SiC(111)/α - Ti(0001)界面中形成了 Ti—C 和 Ti—Si 键，且两种键均在一定程度上具有共价特征。

其次，第一层 C 原子的 DOS 表明其电子分布更为局域化，并且其费米能级附近的电荷消散也更为明显。第二层 Si 原子的 DOS 也在费米能级附近表现出一些非局域态，但其电荷消散更弱一些。因此，Ti—C 原子对间的杂化要比 Ti - Si 原子对间的杂化更强，亦即界面结合主要来源于 Ti—C 互作用而非 Ti—Si 互作用，这也与前述 Ti—C 原子对具有更多共价键特征的结论相一致。亦可由此合理推测：在该界面处，更倾向于生成 TiC 界面新相。

第三，比较不同原子层上相同元素的 DOS 曲线可见，随着原子层数由远及近地接近界面，其费米能级附近的价电荷转移也更为明显。例如，第一层和第二层 Ti 原子的价电荷转移要比其他 Ti 原子层更为明显，而 C 和 Si 原子也同样具有这一特点。这表明界面结合强度主要取决于界面附近的若干层原子间的互作用，特别是 Ti(0001) 和 SiC(111) 表面的第一层和第二层原子。具体说来，第一层 Ti 原子的 DOS 从 -5.0eV 到 +3.0eV 范围内表现出较多的电子消散态，其转移电荷主要来自 Ti-3d 和 Ti-3p，且其 DOS 相比于内部的体相 Ti 原子更为局域化。这说明界面原子互作用弱化了界面 Ti 原子的金属性，在界面处更易于形成 Ti—C 共价键，这也说明该界面处更易于形成 TiC 新相。

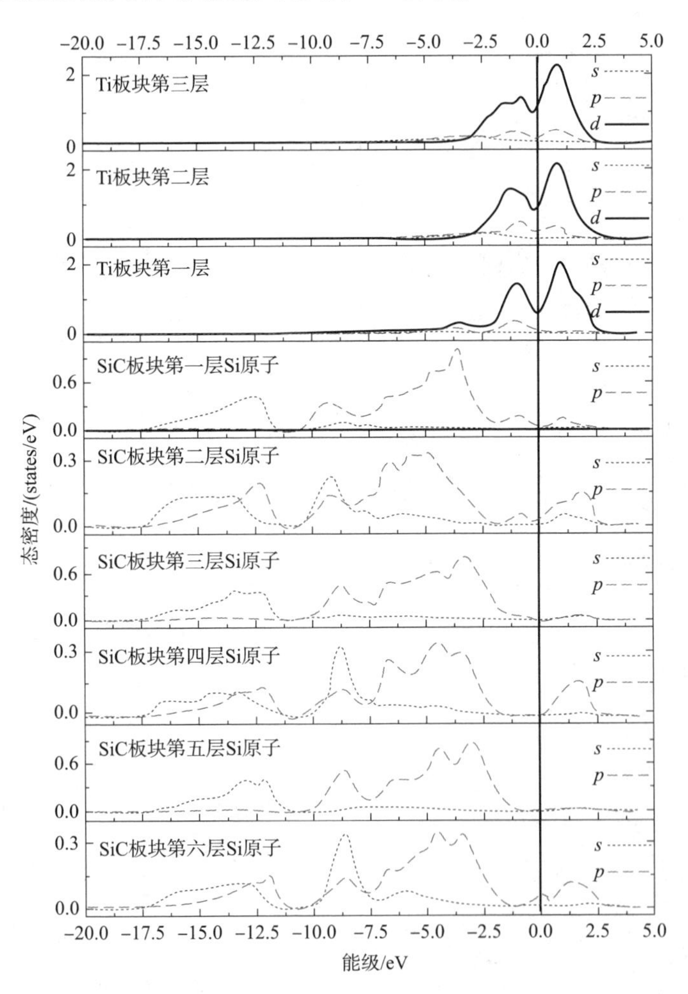

图 3-9　碳封端孔穴位堆垛 β-SiC(111)/α-Ti(0001) 界面(界面Ⅳ)的分波态密度，竖直实线表示费米能级的位置

综上所述，对于碳封端的β-SiC(111)/α-Ti(0001)界面，孔穴位堆垛的界面是动力学上最优先且最稳定的堆垛方式，界面的原子结合主要是共价作用，尤其是Ti—C共价键。此外，Ti原子的倾斜方向对于界面电子结构或电子互作用的影响是极其有限的。

第4章　TiC(111)/α-Ti(0001)界面第一性原理研究

4.1　简述

碳化钛(TiC)常用作钛基复合材料中的强化相，此外，对于以连续SiC纤维增强的钛基复合材料(SiC_f/Ti)而言，通常在SiC和Ti的界面处会生成以TiC为主要成分的界面反应层。在Ti基体和TiC之间的界面结构和黏附强度对于上述复合材料的性能具有直接影响。因此，国内外众多研究者均开展了TiC/Ti界面的研究，其中实验研究主要集中于界面微观组织和反应产物。例如，有报道指出在制备和高温热暴露过程中，TiC/Ti界面处形成Ti_2C和Ti_2AlC新相。然而，在这些实验研究中，TiC/Ti界面处的相互作用和成键本质却鲜有提及。

在另一方面，对于两个固相间界面特性的理论研究，存在大量的相关文献。特别是基于密度泛函理论(DFT)的第一性原理计算，能够从原子尺度(甚至是电子尺度)提供界面处的最基本信息。例如，Liu等人对β-Ti(110)/TiX(111)界面(X=C，N)和Al(001)/TiC(001)界面进行了研究。Dudiy等人对M(001)/TiC(001)(M=Co，Cu，Ag，Au，Al，Ti)界面进行了第一性原理计算。为了更深入了解陶瓷相和钢基体之间的界面，也开展了α-Fe(001)/TiZ(001)界面(Z=C，N，O)和α-Fe(110)/TiC(100)界面的第一性原理研究。这些理论研究所涵盖的内容主要包括：界面原子构型、界面间距、界面黏附功(界面分离功)、界面能、电子结构和界面成键性质。除了上述内容之外，SiC(111)/TiC(111)界面的光学或电学特性，例如光谱和萧特基势垒也进行了计算。

为了更深入了解Ti/TiC界面的本质，有必要明确在生成新的反应物之前，Ti和TiC之间界面的原子构型和电子结构，初始Ti/TiC界面的热力学稳定性及其电子互作用也是作者感兴趣的。然而，已有的文献很少。截至目前，笔者仅检索到一篇文献对β－Ti(110)/TiC(111)界面进行了研究，且其中的Ti金属为立方晶格的β－Ti亚稳相，并非室温下最稳定的密排六方α－Ti。

在本章中，使用第一性原理计算并考察了TiC(111)/α－Ti(0001)的界面黏附功、界面能、断裂韧性、电子结构、界面稳定性和界面成键特性。之所以选择该界面是由于TiC(111)晶面与hcp－Ti(0001)晶面具有良好的位向关系，二者间的错配度仅约为4%，而且更重要的是，相关实验研究已经证实了α－Ti(0001)//TiC(111)的晶体学关系。

4.2 研究过程细节

使用CASTEP软件进行第一性原理计算。采用自洽场循环(SCF)求解基态能量，其收敛容限设置为5.0×10^{-7}eV/atom。采用BFGS最小化算法对原子进行充分弛豫，实现模型的几何优化，其中能量和力的收敛容差分别为5.0×10^{-6}eV/atom和0.01eV/Å。

4.2.1 体相计算

根据文献建立体相TiC的晶格模型。采用三种不同的交换关联泛函(LDA－CAPZ，GGA－PBE和GGA－PW91)对其进行几何优化。在计算之前，分别对Monkhorst－Pack取样格点(***k***－points)和截断能(cutoff energy)进行了收敛性测试。当cutoff energy取为550eV，且TiC单胞的***k***－points设置为$11\times11\times11$时，总能偏差收敛为5×10^{-3}eV/atom。对于后续表面和界面构型的计算，***k***－points均取为$11\times11\times1$。

表4－1 TiC晶格常数(a)、平均原子体积(V_0)、弹性常数(C_{ij})和体模量(B)的计算和实验值

计算方法或数据来源	a/Å	V_0/(Å^3/atom)	B/GPa	C_{11}/GPa	C_{12}/GPa	C_{44}/GPa
LDA－CAPZ	4.260	9.66	283.32	585.60	132.17	184.87
GGA－PBE	4.330	10.15	244.20	499.55	116.53	176.60
GGA－PW91	4.330	10.15	250.21	505.84	122.40	177.25

续表

计算方法或数据来源	a/Å	V_0/(Å^3/atom)	B/GPa	C_{11}/GPa	C_{12}/GPa	C_{44}/GPa
LDA CAPZ	4.261	9.67	282.0	600	123	190
GGA - PBE	4.331	10.15	249.7	519	115	183
GGA - PW91	4.315	10.04	221.3	470	97	167
实验值	4.329	10.14	242.0	500	113	175[a]
实验值	4.328	10.13	242.2	514.5	106.0	178.8[b]

计算了 TiC 的晶格常数(a)、平均原子体积(V_0)、弹性常数(C_{ij})和体模量(B)，结果列于表 4-1。其中部分体模量是由弹性常数计算得到的：对于立方晶格，$B=(C_{11}+2C_{12})/3$。

将计算结果与表 4-1 中的实验数据进行比较，采用 GGA-PBE 泛函计算得到的体相 α-Ti 和 TiC 结果与实验值更为接近。此外，GGA-PBE 交换关联泛函也常常用于新近有关 Ti 和 TiC 的理论研究中。因此，后续计算全部采用 GGA-PBE 交换关联泛函。

4.2.2 表面原子层数和表面能

对于 TiC(111)表面，为了确定合适的原子层数，分别考察了劈裂能(cleavage energy，γ_{cl})和原子层间弛豫变化量随不同原子层数的收敛趋势(参见表 4-2)。

表 4-2 TiC(111)的劈裂能(γ_{cl})随不同原子层数的收敛趋势 J/m^2

原子层数(n)	劈裂能[$\gamma_{cl,TiC(111)}$]	
	符合化学配比的模型	非化学配比的模型
3	—	10.48
4	10.45	—
5	—	10.79
6	11.22	—
7	—	10.98
8	11.20	—
9	—	11.08
10	11.17	—

续表

原子层数(n)	劈裂能[$\gamma_{cl,TiC(111)}$]	
	符合化学配比的模型	非化学配比的模型
11	—	11.13
12	11.16	—
13	—	11.16
14	11.16	—

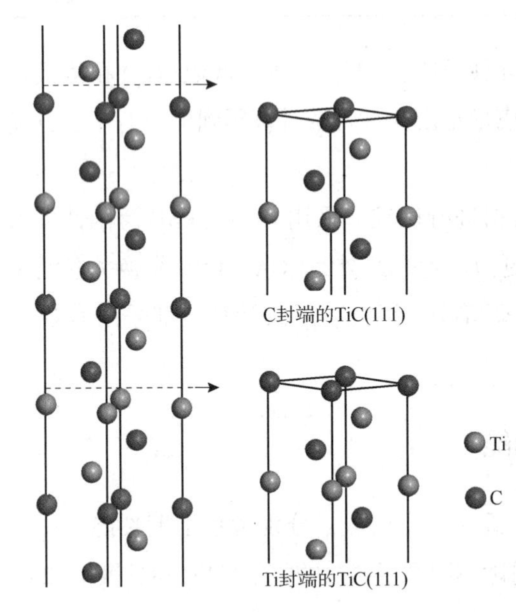

图 4-1　沿(111)表面劈裂 TiC 体相及 TiC(111)表面的不同原子封端构型

TiC 具有 NaCl 结构，存在有 C 封端和 Ti 封端两种不同的 TiC(111)表面(如图 4-1 所示)。当沿着(111)晶面对体相 TiC 进行切断时，这两种封端的表面将同时形成。劈裂能(Cleavage energy，γ_{cl})是一个无限大体相固体劈裂为具有互补封端的两个表面时，劈裂单位截面积体相物质所需要的能量。

在本节中，使用两种不同方法计算了 TiC(111)表面的劈裂能 γ_{cl}。对于具有偶数原子层的 TiC(111)表面构型，其中的 Ti 和 C 原子是符合化学配比的，其劈裂能 γ_{cl} 可以表达为：

$$\gamma_{cl} = (E_{slab} - nE_{bulk})/A \tag{4-1}$$

而对于具有奇数层原子的 TiC(111)表面构型，其 Ti 和 C 原子是非化学配比的，其劈裂能 γ_{cl} 可以表达为：

$$\gamma_{cl} = (E^1_{slab} + E^2_{slab} - nE_{bulk})/(2A) \tag{4-2}$$

其中 E^1_{slab} 和 E^1_{slab} 是具有互补封端的两个表面构型的总能。分别对具有偶数层和奇数层原子的表面构型进行充分弛豫，根据上述两式计算得到的劈裂能分别列于表 4-2 的“符合化学配比”栏和“非化学配比”栏。两种方法的收敛情形完全相同，均收敛于 11.16J/m^2。

尽管偶数层的 TiC(111)表面构型更便于计算，然而，这些符合化学配比的板块模型中，顶面和底面分别是 C 封端和 Ti 封端的 TiC(111)表面，从而使得该表面构型可能产生偶极矩效应。为此，在这里应该使用在垂直表面方向具有对称性的，含有奇数层原子的非化学配比 TiC(111)表面构型。在表 4-2 中，可以看到对于九层原子非化学配比 TiC(111)表面构型，劈裂能 γ_{cl} 已具有良好的收敛性和精确性，其偏差小于 1%。为了验证和确认九层即为 TiC(111)表面合适的原子层数，进一步根据有关文献中的方法，考察了奇数层原子 TiC(111)构型的原子层间弛豫变化率(Δ_{ij})，其结果列于表 4-3。Δ_{ij} 计算结果表明，对于含有九层以上的 TiC(111)构型，其原子层间弛豫就已经产生了很好的收敛规律，从而确认了九层 TiC(111)表面构型的内部原子具有类似体相的特性。此外，以往的研究指出：对于 TiC(111)表面，原子层数 $n \geq 7$ 是合适的。基于此，本章后续计算均采用九层的 TiC(111)构型。

表 4-3 不同表面封端和原子层数下的 TiC(111)表面弛豫

(层间距变化值 Δ_{ij} 占体相间距的百分比)

表面封端原子	原子层间距	表面板块模型的原子层数(n)				
		3	5	7	9	11
C	Δ_{12}	-14.4%	-12.4%	-11.9%	-11.4%	-10.5%
	Δ_{23}		1.4%	1.7%	1.1%	0.6%
	Δ_{34}			-0.5%	-0.2%	0.5%
	Δ_{45}				0.0%	-0.5%
	Δ_{56}					0.5%
Ti	Δ_{12}	-8.8%	-18.3%	-18.9%	-19.1%	-18.8%
	Δ_{23}		5.2%	10.4%	11.9%	12.1%
	Δ_{34}			-4.6%	-6.3%	-6.4%
	Δ_{45}				0.5%	2.0%
	Δ_{56}					-1.8%

对于非化学配比的九层 TiC(111)板块构型，其表面能(γ_s)可以通过体相 TiC 的化学势(μ_{TiC}^{bulk})和表面构型中 Ti 原子的化学势(μ_{Ti}^{slab})来进行估算：

$$\gamma_s = [E_{slab} - n_C \mu_{TiC}^{bulk} + (n_C - n_{Ti}) \mu_{Ti}^{slab}] / (2A) \tag{4-3}$$

式中 n_{Ti}、n_C——板块构型中 Ti 和 C 的原子个数。

假设表面处 TiC 与内部体相的 TiC 取得平衡，则存在表达式 $\mu_{TiC}^{bulk}=\mu_{Ti}^{slab}+\mu_{C}^{slab}$。在热力学中，$\mu_{TiC}^{bulk}$ 也等于体相 TiC 的形成热(ΔH_f^0)和 Ti、C 单质原子的化学势(μ_{Ti}^{bulk} 和 μ_{C}^{bulk})之和：即 $\mu_{TiC}^{bulk}=\mu_{Ti}^{bulk}+\mu_{C}^{bulk}+\Delta H_f^0(\mathrm{TiC})$。此外，由于 TiC 化合物比两种纯单质物质更加稳定，则 μ_{Ti}^{slab} 和 μ_{C}^{slab} 必定分别小于 μ_{Ti}^{bulk} 和 μ_{C}^{bulk}。综合上述，则得到以下不等式：

$$\Delta H_f^0 \leqslant \mu_{Ti}^{slab}-\mu_{Ti}^{bulk} \leqslant 0 \tag{4-4}$$

在计算得到 α - Ti 和金刚石中单原子能量(E_{Ti}^{bulk} 和 $E_{diamond}^{bulk}$)的基础上，采用等式 $\mu_{Ti}^{bulk}=E_{Ti}^{bulk}$ 和 $\mu_{C}^{bulk}=(E_{diamond}^{bulk}-0.025\mathrm{eV})$ 近似得到单质 Ti 和 C 原子的化学势。其中数值 0.025eV 是由量热学确定的金刚石和石墨中单个 C 原子的焓的差值。$\Delta H_f^0(\mathrm{TiC})$ 近似等于在每 TiC 分子式中，TiC 与体相 α - Ti、金刚石之间的能量差：

$$\Delta H_f^0(\mathrm{TiC})=[E_{TiC}^{bulk}-E_{Ti}^{bulk}-(E_{diamond}^{bulk}-0.025\mathrm{eV})] \tag{4-5}$$

计算得到的 $\Delta H_f^0(\mathrm{TiC})=-1.82\mathrm{eV}$，这与以往的理论计算数据（-1.78eV 和 -1.91eV）吻合较好。

随后，根据上述公式(4-3)和公式(4-4)计算得到 Ti - 封端和 C - 封端 TiC(111)的表面能。图 4-2 给出了 TiC(111)表面能与 Ti 原子化学势差($\mu_{Ti}^{slab}-\mu_{Ti}^{bulk}$)的关系。对于 Ti 和 C 封端的 TiC(111)，其表面能 γ_s 的取值范围分别为 1.47 ~ 3.26J/m² 和 7.82 ~ 9.61J/m²。该计算结果与以往的计算数值是一致的：Ti 封端的 TiC(111)的表面能为 2.79J/m² 和 3.1J/m²；C 封端的 TiC(111)表面能为 7.81J/m²。此外，根据等式(4-1)和式(4-2)，TiC(111)的劈裂能(γ_{cl})等于两种封端表面能之和，即 $\gamma_{cl}=(\gamma_{s,C-termination}+\gamma_{s,Ti-termination})$。本节计算得到的两种不同封端 TiC(111)表面能之和为 (9.61 + 1.47) J/m² = (7.82 + 3.26) J/m² = 11.08J/m²，这与前面得到的劈裂能是一致的。

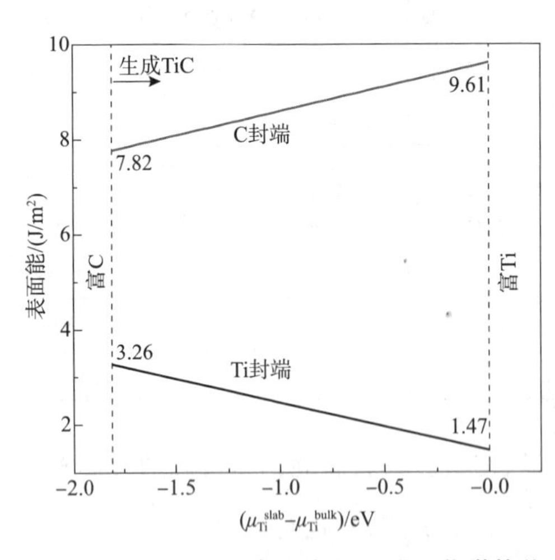

图 4-2 TiC(111)表面能和 Ti 原子化学势差($\mu_{Ti}^{slab}-\mu_{Ti}^{bulk}$)之间的关系

图 4-2 显示出 Ti 封端的 TiC(111)具有较小的表面能，这意味着

该表面比 C 封端的 TiC(111)表面在热力学上更为稳定。但是，为了更全面的考察 Ti(0001)/TiC(111)界面，在后续的界面计算中，分别对上述两种 TiC(111)封端表面进行了建模计算。

4.2.3 TiC(111)/α－Ti(0001)界面模型

将八层原子的 α－Ti(0001)堆垛于九层原子的 TiC(111)之上，建立界面超晶胞模型。其中，为了避免在界面模型的顶面和底面之间产生“虚拟”相互作用，在界面超晶胞的两自由表面之间插入具有足够厚度(10Å)的真空层。

分别考虑了三种不同的堆垛位置(中心位、孔穴位和顶位，参见图 4－3)和两种不同的 TiC(111)封端(C 封端和 Ti 封端)，总共对六种不同的 α－Ti(0001)/TiC(111)界面模型进行了计算。

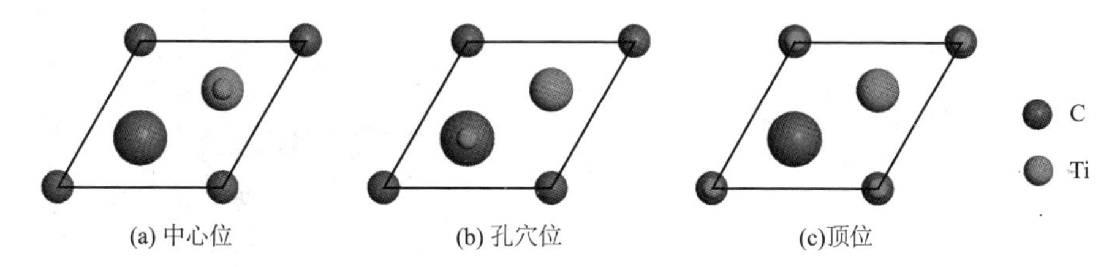

图 4－3 Ti(0001)表面在 C 封端的 TiC(111)上的三种堆垛位置

(顶视图中共显示了四层原子，最小的蓝绿色球体是 Ti(0001)表面的第一层 Ti 原子，其余球体依次从小到大分别为 C 封端 TiC(111)表面的第一层到第三层原子，蓝绿色和深灰色球体分别表示 Ti 和 C 原子)

对于界面模型而言，两接触表面之间的初始间距对于计算效率和平衡原子构型具有直接影响。合适的界面间距可以经过 UBER(Universal Binding Energy Relation)测试，并作出曲线来得到。在本节中，由 UBER 曲线分别得到六种界面模型合理的初始界面间距，然后对这些具有“最优”初始界面间距的模型进行充分的弛豫。

4.3 结果和讨论

4.3.1 界面黏附功和稳定性

六种 α－Ti(0001)/TiC(111)模型的 UBER 曲线(W_{ad} － d_0 关系曲线)如图 4－4

所示，根据曲线的峰值可以确定“最优”初始界面间距 d_0 和 W_{ad} 的大致取值（列于表4-4 的“UBER”栏）。然后以“最优”初始界面间距 d_0 建立界面模型，在对其充分弛豫优化后，所计算得到的“平衡”界面间距 d_{eq} 和 W_{ad} 列于表4-4 的“Fully relaxed”栏。充分优化后得到的原子构型和计算结果大致可以视为是每种界面的“平衡”构型和“真实”值。优化后的六种 α-Ti(0001)/TiC(111)界面原子构型如图4-5 所示，图4-7 和图4-8 分别给出了优化后六种价界面模型的电子密度分布和价电子密度差分分布。

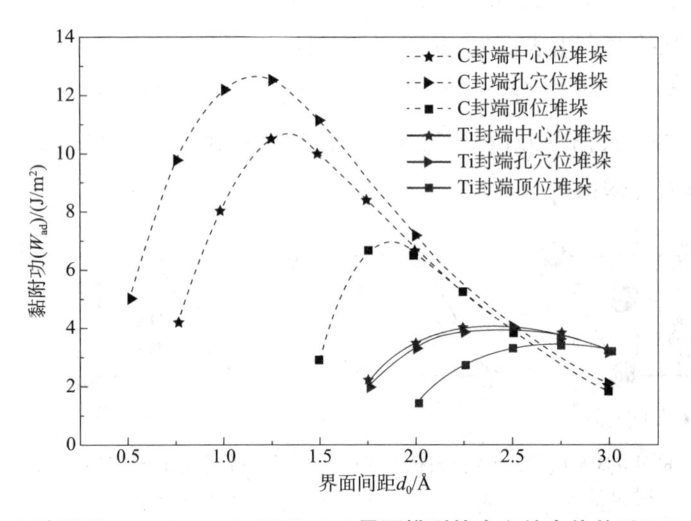

图4-4　六种不同 **α**-Ti(0001)/TiC(111)界面模型的广义结合能关系(UBER)曲线

比较图4-5(b)和图4-5(d)，二者的界面原子构型非常近似，仅在Ti(0001)的原子堆垛倾斜方向上有所不同。根据本书第1章的计算结果，Ti(0001)的倾斜方向对 β-SiC(111)/α-Ti(0001)界面的影响很小，据此可以作出合理推测：Ti(0001)的倾斜方向对 TiC(111)/α-Ti(0001)界面的影响应该也很小。如图4-6所示，如果改变本文中Ti封端中心位堆垛界面[图4-6(a)]中Ti(0001)的钛原子倾斜方向，则界面构型变化为图4-6(b)，而该构型实质上与本文中的C封端孔穴位堆垛界面[图4-6(c)]完全相同。综上，可以近似认为Ti封端中心位堆垛与C封端孔穴位堆垛模型是同一种情形，只不过二者分别表示同一个界面的TiC侧和Ti侧。

在表4-4中，观察两种不同方法所得到的 W_{ad}，它们随不同封端和堆垛位置的变化趋势是彼此一致的。TiC(111)的封端对于 W_{ad} 和 d_{eq}（或 d_0）的影响较大。相比于Ti封端的界面，C封端的界面具有较大的 W_{ad} 和较小的 d_{eq}（或 d_0）。根据价电荷密度分布(图4-7)和电荷密度差分分布(图4-8)，可以大致解释其原因。由图可见，对于C封端界面处的C—Ti原子对[图4-7(a，b，c)和图4-8(a，b，c)]，其电子互作用和电荷转移更加强烈，有助于产生极性共价键；而对于Ti封端界面处的Ti—Ti原子对[图4-7(d，e，f)和图4-8(d，e，f)]，电子互作用相对较弱，并具有较多的金属键特征。

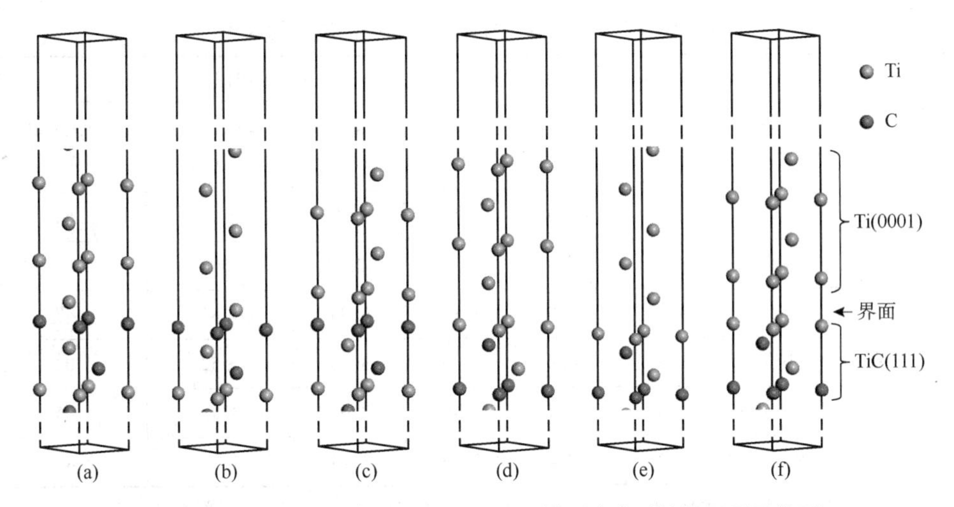

图4-5　六种α-Ti(0001)/TiC(111)模型弛豫后的界面原子构型

[C封端界面(a，b，c)和Ti封端界面(d，e，f)；中心位堆垛(a，d)、孔穴位堆垛(b，e)和顶位堆垛(c，f)]

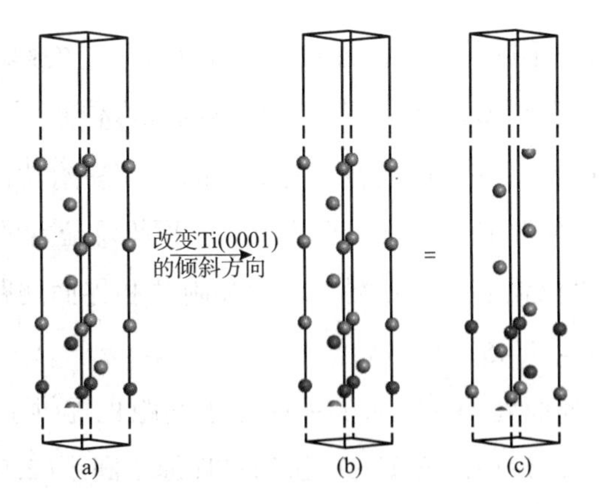

图4-6　将Ti封端中心位堆垛Ti(0001)/TiC(111)模型中Ti(0001)的Ti原子倾斜方向更改后变化为模型(b)，其与C封端中心位堆垛Ti(0001)/TiC(111)模型(c)具有相同的界面原子构型

由图4-5可见，C封端的三种界面模型[图4-5(a，b，c)]的平衡界面间距远小于 Ti 封端的三种界面模型[图 4 -5(d, e, f)]。而在三种 C 封端的界面模型中，孔穴堆垛界面[图 4 -5(b)]的平衡界面间距最小。此外，可以发现两者均在界面上保留了原来体相的堆垛方式，即 C 封端孔穴模型[图 4 -5(b)]和 Ti 封端中心位模型[图 4 -5(d)]均在界面处具有外延取向的堆垛特征。

表 4 -4 由两种不同方法计算得到的界面间距(d_0)、黏附功(W_{ad})以及完全优化后界面处的原子间距离

TiC(111)封端	堆垛位置	UBER		完全弛豫优化			
		d_0/Å	W_{ad}/(J/m^2)	d_0/Å	W_{ad}/(J/m^2)	Ti—C 间距[a]/Å	Ti—Ti 间距[b]/Å
C 封端	中心位	~1.3	~10.6	1.17	10.49	2.12	2.64
	孔穴位	~1.2	~12.7	1.10	12.51	2.08	3.00
	顶位	~1.9	~6.9	1.87	6.83	1.87	3.48
Ti 封端	中心位	~2.4	~4.0	2.45	3.70	3.52	3.02
	孔穴位	~2.4	~3.9	2.49	3.61	3.98	3.05
	顶位	~2.7	~3.4	2.86	3.24	4.30	2.86

注：[a] Ti - C 间距是 Ti(0001)界面处 Ti 原子与 C 封端 TiC(111)的第一层 C 原子间距；或者是 Ti(0001)界面处 Ti 原子与 Ti 封端 TiC(111)的第二层 C 原子间距。

[b] Ti - Ti 间距是 Ti(0001)界面处 Ti 原子与 C 封端 TiC(111)的第二层 Ti 原子间距；或者是 Ti(0001)界面处 Ti 原子与 Ti 封端 TiC(111)的第一层 Ti 原子间距。

由表 4 -4 可见，不同的堆垛位置对 C 封端界面 W_{ad} 的影响要比对 Ti 封端界面的影响更为明显。对于 C 封端的界面，在不同堆垛位置下，W_{ad} 的数值相差较大。在孔穴位堆垛的 C 封端界面模型具有最大的界面黏附功(12.51J/m^2)和最小界面间距(1.10Å)。对于 Ti 封端的界面模型，不同堆垛位置的影响相对较弱，差别较小。在不同堆垛位置下，Ti 封端界面的黏附功和界面间距均彼此接近(W_{ad}：3.24 ~3.70J/m^2，d_0：2.45 ~2.86Å)。

在表 4 -4 中，界面处 Ti—C 和 Ti—Ti 原子间距也提供了一定信息：对于 C 封端的孔穴位堆垛界面模型，其 Ti—C 和 Ti—Ti 原子间距(2.08Å 和 3.00Å)最接近于体相 TiC 中的 Ti—C 间距(2.172Å)和体相 α - Ti 中的 Ti—Ti 间距(2.89 ~2.95Å)。结合图 4 -7(b)和图 4 -8(b)中的电荷密度分布及电荷密度差分分布，有理由推测：在 C 封端孔穴位堆垛的界面模型中，Ti(0001)表面上的每个 Ti 原子均同时与 TiC(111)表面上的三个 C 原子和一个 Ti 原子产生相互作用。换言之，在C封端孔穴位堆垛界面上，具有最强的电子互作用和界面成键，这也必定使得该界面具有最大的界面黏附功，从而在六种模型中最为稳定。

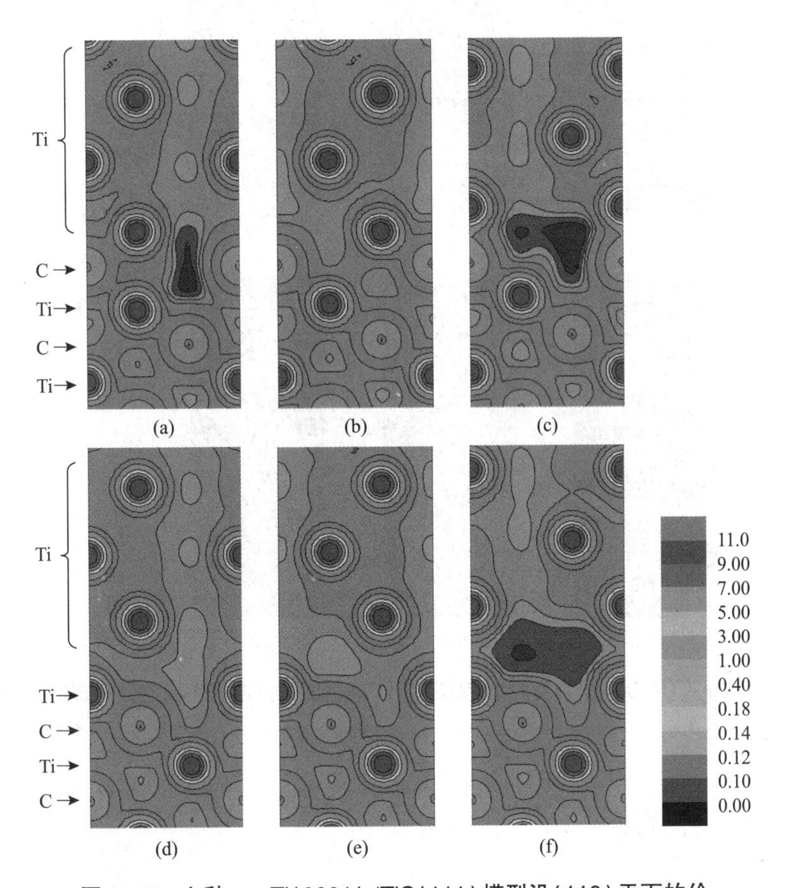

图4-7 六种α-Ti(0001)/TiC(111)模型沿(110)平面的价电子密度分布(electrons/$Å^3$)

[C封端界面(a，b，c)和Ti封端界面(d，e，f)；中心位堆垛(a，d)、孔穴位堆垛(b，e)和顶位堆垛(c，f)]

另外，C封端孔穴位堆垛模型[图4-7(b)，图4-8(b)]和Ti封端中心位堆垛模型[图4-7(d)，图4-8(d)]具有非常近似的界面电子结构，且这两个模型均在界面处也表现出了相同的外延取向堆垛次序。这印证了上面的推测：这两个模型可以合并，近似视为同一种界面情形，二者不同的黏附功只是表明了该界面的薄弱点在Ti(0001)一侧，即该界面更倾向于沿着Ti(0001)一侧的晶面分离开来。

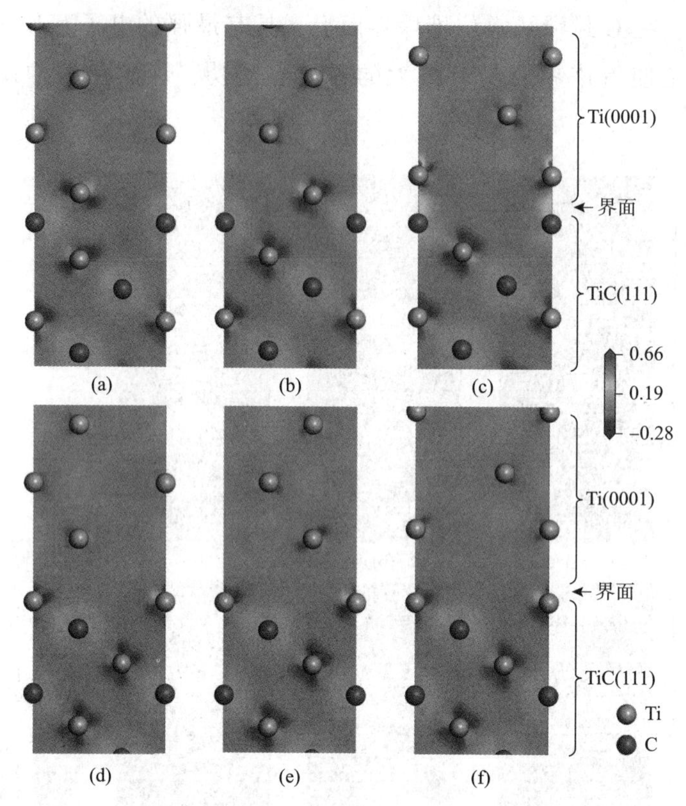

图 4-8　六种 α-Ti(0001)/TiC(111)模型沿(110)平面的价电子密度差分分布(electrons/Å^3)
[C 封端界面(a, b, c)和 Ti 封端界面(d, e, f)；中心位堆垛(a, d)、孔穴位堆垛(b, e)和顶位堆垛(c, f)]

4.3.2　界面能

在本节中，对于八层 Ti(0001)堆垛于九层 TiC(111)上的界面超晶胞，其界面能 γ_{int} 可以通过下式进行计算：

$$\gamma_{\text{int}} = \frac{E_{\text{total}} - N_{\text{C}}\mu_{\text{TiC}}^{\text{bulk}} + (N_{\text{C}} - N_{\text{Ti}} + 8)\mu_{\text{Ti}}^{\text{slab}} - 8\mu_{\text{Ti}}^{\text{bulk}}}{A_{\text{i}}} - \gamma_{\text{s,Ti(0001)}} - \gamma_{\text{s,TiC(111)}} \quad (4-6)$$

式中　A_{i}——模型的界面积；

E_{total}——界面超晶胞板块的总能；

N_{C}、N_{Ti}——超晶胞中 C 和 Ti 原子的数目；

$\gamma_{\text{s,Ti(0001)}}$、$\gamma_{\text{s,TiC(111)}}$——Ti(0001)和 TiC(111)的界面能。

图 4-9 给出了六种界面模型充分优化后的界面能。由图可见：①在富 C 一侧，$(\mu_{\text{Ti}}^{\text{slab}} - \mu_{\text{Ti}}^{\text{bulk}}) = \Delta H_{\text{f}}^0(\text{TiC}) = -1.82\text{eV}$，C 封端孔穴位堆垛模型具有最小的界

面能(-1.28J/m^2)。②在富 Ti 一侧，($\mu_{Ti}^{slab}-\mu_{Ti}^{bulk}$) =0eV，Ti 封端中心位堆垛模型的界面能最低(0.14J/m^2)。需要强调的是，对于 TiC/Ti 界面体系，可以认为是富钛的，即($\mu_{Ti}^{slab}-\mu_{Ti}^{bulk}$) =0eV，此时，Ti 封端中心位堆垛模型和 C 封端孔穴位堆垛模型分别具有较低的界面能(0.14J/m^2 和 0.52J/m^2)，而且，二者在数值上也较为接近，仅相差 0.38J/m^2。因此，上述两个推论得以确认：①C 封端孔穴位堆垛界面和 Ti 封端中心位堆垛界面可以合并视为同一个界面的 Ti 侧和 TiC 侧，且该界面具有较低的界面能，在热力学上是最稳定的。②这两个模型均具有相同的外延取向堆垛次序，且该堆垛方式较其他堆垛方式更为优先。综上所述，后文中仅对 C 封端孔穴位堆垛模型和 Ti 封端中心位堆垛界面进行讨论。

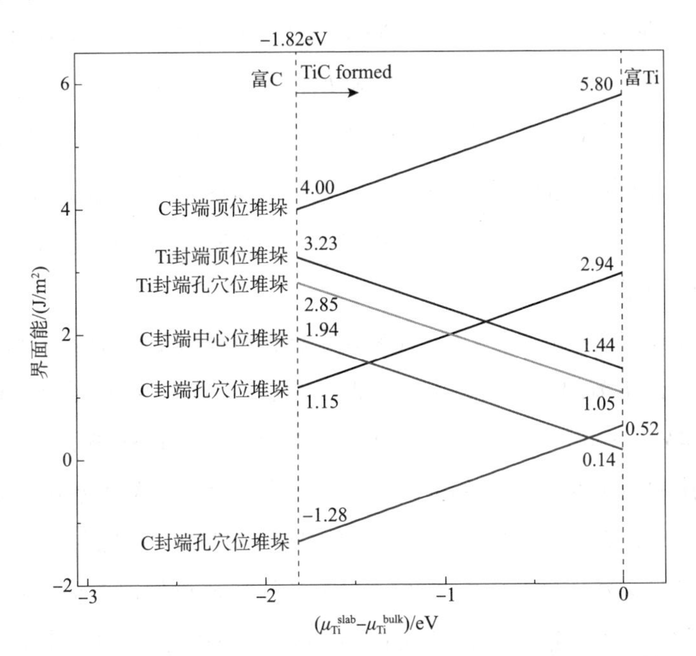

图4-9 六种不同 Ti(0001)/TiC(111)模型界面能与 Ti 原子化学势差($\mu_{Ti}^{slab}-\mu_{Ti}^{bulk}$)的关系

此外，图4-9 显示 C 封端孔穴位堆垛界面的界面能可能为负值，尤其是在富碳的一侧。这意味着，假如在界面处出现碳的富集，则有可能使 TiC(111)/Ti(0001)的界面能为负，从而使 C 封端孔穴位堆垛界面处易于发生界面合金化，并由于界面原子扩散而可能形成新的界面相(比如 Ti_2C 和 Ti_2AlC 等)。

最后需要说明的是，在界面黏附功和界面能之间存在表达式：$W_{ad}=\gamma_\alpha+\gamma_\beta-\gamma_{int}$，较小的 γ_{int} 有利于形成较大的 W_{ad}。通过与其他模型的比较，C 封端孔穴位堆垛界面具有较小的界面能(0.52J/m^2)和较大的黏附功(12.51J/m^2)。可见，上述计算得到的 W_{ad} 和 γ_{int} 符合此关系式。

4.3.3 界面断裂韧性

1. 黏附功和界面断裂韧性

如上所述，C 封端孔穴位堆垛模型和 Ti 封端中心位堆垛模型可被认为是同一种情形，且是最稳定的 Ti(0001)/TiC(111)界面构型。其不同就在于这两个模型分别表示沿 TiC(111)一侧和 Ti(0001)一侧将该界面分离。根据公式(3-4)和公式(3-5)，如果 E（或 E_{hkl}）和 c 均保持不变，参照表4-4中的 W_{ad} 数值，则 C 封端孔穴位堆垛界面具有最大的 σ_F 和 K_{Ic}^{int}，从而在六种不同模型中表现出最大的界面断裂韧性。在本节中，Ti 沿[0001]晶向和 TiC 沿[111]晶向杨氏模量 E_{hkl} 的计算结果分别是 $E_{Ti,0001}=165.83$GPa 和 $E_{TiC,111}=460.34$GPa。于是，C 封端孔穴位堆垛 Ti(0001)/TiC(111)的界面断裂韧性 K_{Ic}^{int} 可能取得的最大值处于 2.9～4.8MPa·$m^{1/2}$ 范围内。而对于 Ti 封端中心位堆垛的界面而言，其取值范围是 1.6～2.6MPa·$m^{1/2}$。这意味着 Ti(0001)/TiC(111)界面在 TiC(111)比 Ti(0001)一侧具有更大的断裂韧性。

尽管该结果与文献报道的 TiC_p/Ti 基复合材料断裂韧性数值(28～40MPa·$m^{1/2}$)存在不一致，但本节的理论估算值仍接近于 TiC/Ti-6Al-4V 复合材料的实验数据(3.5～4.4MPa·$m^{1/2}$)。考虑到 K_{Ic}^{int} 的实验值是在多晶体材料中测得的，复合材料的断裂韧性受 TiC 体积分数的强烈影响，且存在大量晶界的影响。此外，在公式(3-4)和公式(3-5)中所描述的裂纹扩展是被限定沿界面扩展，但实际上，裂纹在 TiC_p/Ti 基复合材料中的扩展过程中，往往弯折偏离界面，甚至切入 TiC 或 Ti 基体。综合考虑这些因素，我们对 Ti(0001)/TiC(111)界面断裂韧性的理论估算值是合理和可接受的。

2. 界面能和界面断裂韧性

根据式(3-8)，假设 G_{int} 和 ν_{int} 是定值，由前面已经计算得到的两表面能($\gamma_{s,Ti(0001)}=2.05J/m^2$ 和 $\gamma_{s,C-termed-TiC(111)}=7.82\sim9.61J/m^2$)，且 C 封端孔穴位堆垛和 Ti 封端中心位堆垛模型具有较小的界面能($\gamma_{int,C-termed}=0.52J/m^2$，$\gamma_{int,Ti-termed}=0.14J/m^2$)，则在六种 Ti(0001)/TiC(111)界面模型中，C 封端孔穴位堆垛和 Ti 封端中心位堆垛模型具有较大的理论断裂韧性 K_g。这两个界面构型具有最大的热力学稳定性，这也再次印证了根据 W_{ad} 计算结果得到的结论。

4.3.4 界面成键分析

为了进一步了解 α-Ti(0001)/TiC(111)界面处的成键本质，计算了该界面的分波态密度(PDOS)。在PDOS的计算中，**k**-points设置为21×21×1以保证计算结果的准确性。由于C封端孔穴位堆垛界面具有最强的黏附功，最大的界面稳定性和断裂韧性，仅对该模型的PDOS(图4-10)进行分析讨论。

对于Ti(0001)表面，在其最表层Ti原子的PDOS曲线中，可以看到，在-2.8eV和-9.5eV附近出现了两个新的峰，且这两个峰与TiC(111)表面最表层原子(第一层C原子和第二层Ti原子)PDOS曲线的峰是相互对应的。相互重叠的态密度峰表明了C和Ti原子之间，尤其是C-2p和Ti-3d之间的轨道杂化。这也清楚地表明了α-Ti(0001)/TiC(111)界面中存在Ti—C共价键和Ti—Ti金属键。

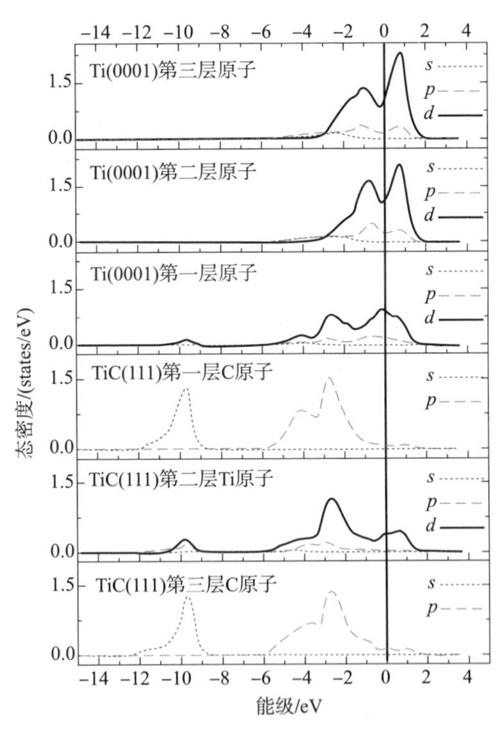

图4-10 C封端孔穴位堆垛 α-Ti(0001)/TiC(111)界面的PDOS曲线

比较Ti(0001)表面第一层原子和第二层原子的PDOS曲线，可以看到第一层原子的曲线的高度较矮，并向负能级一侧偏移，这表明了第一层的Ti原子与C-2p

轨道之间的相互作用，也清楚地表明了由第一层 Ti 原子向界面处 C 原子的电子转移。在 0 ~ +1.6eV 能级范围内，Ti(0001)的第一层原子 PDOS 曲线，尤其是其中的 Ti - 3d 轨道，近似于 TiC(111)中第二层 Ti 原子的曲线，且二者均为非局域分布的。这表明了二者间存在有 Ti—Ti 金属键。

总之，α - Ti(0001)/TiC(111)界面成键主要是由 Ti—C 原子间的电子作用构成的。这与上述结论和以往的研究是一致的：Ti—C 具有共价键特征，而 Ti—Ti 具有金属键特征。

第5章　β - SiC/TiC(111)界面第一性原理研究

5.1　简述

连续 SiC 纤维或 SiC 颗粒增强的钛基复合材料(TMCs)在高温下的制备和服役过程中，在界面处 SiC/Ti 会形成以 TiC 为主要组成物的反应层。此外，研究者也开展了有关 TiC/SiC 复合材料的制备和研究工作，以期望开发一种新型高温材料。对于这些复合材料，SiC/TiC 界面都对其性能具有关键的影响。为了对该界面进行更深入的了解，已经开展了许多实验和理论的研究工作。例如，通过化学气相沉积(CVD)方法，将 β - SiC 薄膜分别沉积于 TiC(001)、TiC(111)、TiC(112)基底上，经由透射电镜(TEM)检测，确认了外延共格的 β - SiC/TiC(111)界面具有优先性。使用金属有机物化学气相沉积(MOCVD)方法，在 TiC(111)基底上生长了 β - SiC 薄膜，并进行了 Pt 肖特基接触测试和光学显微镜、透射电镜观察。在 α - SiC 和 β - SiC 表面上，生长了具有外延晶体取向特征的 TiC 薄膜，确认了界面处的结构为 TiC(111)/α - SiC(0001)、TiC/β - SiC(111)和 TiC/β - SiC(110)，并对界面缺陷进行了研究。使用磁控溅射方法，在 Al_2O_3(0001)表面上制备了 TiC/SiC 多层结构，且观察到了 β - SiC/TiC(111)的晶体学关系。

为了从原子尺度上更深入地了解 β - SiC/TiC 界面，同时为了更好地理解界面原子构型和其力学特性之间的关系，第一性原理计算是一个合适的研究方法。然而，这方面的研究很少，所检索到 Rashkeev 等人的文献，也是使用第一性原理对 β - SiC/TiC{111}界面进行了研究，且该文献仅就 Ti—C 和 Si—C 界面进行了讨论，而根本未考虑 Ti—Si 或 C—C 界面这两种情形。此外，该文献主要讨论并局限于界面的电子和光学特性，例如电子结构、光谱、肖特基势垒。

在本章中，使用第一性原理方法研究 β - SiC/TiC(111)界面的黏附功、界面能、断裂韧性和界面成键，分别考察了四种不同的界面封端、三种不同的堆垛方式和两种不同的 C 原子亚晶格。选定该表面的原因首先在于以往的实验研究已经证实了 β - SiC(111)//TiC(111)的晶体学关系，其次，TiC(111)和 β - SiC(111)晶面的晶格失配仅约为 0.7%。

5.2 研究过程

本节所有计算均使用 CASTEP 软件，所用泛函为 GGA - PBE，截断能、$\boldsymbol{k}$ - points 和其他计算参数的收敛性测试和选定与前面章节相同。

5.2.1 最优原子层数和表面能

1. 表面板块模型及其最优原子层数

对于闪锌矿结构的 SiC 和岩盐结构的 TiC 而言，其{111}晶面均为极性表面，二者的(111)表面都分别有两种不同的封端构型。因此，总共有四种不同的表面：C 封端或 Ti 封端的 TiC(111)，以及 C 封端或 Si 封端的 SiC(111)。

在本节的计算中，采用含有奇数层原子的 TiC(111)表面板块模型，该模型是非化学配比的，在其顶面和底面均为同一种封端构型。对于 SiC(111)表面，含有偶数层原子且表面原子仅有一个悬空键的板块模型常见于以往的研究中，例如：具有真空层的四层、八层、十层、十二层板块，以及没有真空层的十六层板块均见于以往的第一性原理计算中，该板块的顶面和底面分别是 C 封端和 Si 封端的。据此，本节采用具有真空层的偶数层 SiC(111)板块模型。

为了确定 TiC(111)和 SiC(111)表面模型中合适的原子层数，分别考察了两个表面随原子层数增加时劈裂能(γ_{cl})的收敛趋势。其中，TiC(111)劈裂能的收敛趋势列于第 4 章的表 4 - 2。初步选定 TiC(111)板块模型的合适厚度是九层原子，为了对此进一步验证和确认，考察了 TiC(111)表面构型中原子层间弛豫变化(Δ_{ij})。当原子层数大于九层，Δ_{ij}的计算结果也充分收敛(参见第 4 章表 4 - 3)。可见，含有九层原子的 TiC(111)表面模型已足够精确，九层原子已足够厚，其内部原子具有体相性质。

对于具有偶数层原子的 SiC(111)表面，其劈裂能(γ_{cl})的收敛趋势见表 5 - 1

所示。当原子层数大于十二层时，SiC(111)的 γ_{cl}收敛于 7.85J/m²。该结果与以往的计算数据是一致的：对于未优化和已优化的表面构型分别为 7.84J/m² 和 8.84J/m²。此外，相比较于有关 SiC(111)文献中所使用的原子层数，十二层 SiC(111)是足够厚的，能够保证计算结果的准确性。

表 5-1　对应于不同原子层厚度 SiC(111)表面劈裂能(γ_{cl})的收敛趋势

SiC(111)表面模型的原子层数(n)	SiC(111)表面劈裂能[$\gamma_{cl,SiC(111)}$]/(J/m²)
4	3.90
6	6.96
8	7.63
10	7.81
12	7.85
14	7.87

SiC(111)表面构型还存在更为复杂的一点：无论对于 C-封端还是 Si-封端表面，都可能有两种不同的悬空键类型，一种是每个表面原子仅有一个悬空键，另一种是每个表面原子有三个悬空键。基于热力学的基本原理，形成具有三个悬空键的表面需要更多的能量，因此，相比于具有一个悬空键的表面，Si3 和 C3 表面是次稳定的。后文中 SiC(111)表面能的计算也证实了这一点，据此，在界面建模时仅考虑了具有一个悬空键的 SiC(111)表面(即 Si1 和 C1 表面)。

为精确计算 SiC(111)的表面能，需要建立具有不同原子构型的 SiC(111)表面模型。如上所述，综合考虑不同原子封端和不同悬空键的情形，SiC(111)表面具有如下四种不同的表面构型：①C-封端且具有一个悬空键。②C-封端且具有三个悬空键。③Si-封端且具有一个悬空键。④Si-封端且具有三个悬空键。为简便起见，这四种情形分别编号为 C1、C3、Si1 和 Si3。为了估算这四种 SiC(111)的表面能，分别建立并优化了四种不同的 SiC(111)表面板块模型：①厚度为十四层原子且具有 C1 和 Si1 封端。②厚度为十四层原子且具有 C3 和 Si3 封端。③厚度为十三层原子且具有 C1 和 C3 封端。④厚度为十三层原子且具有 Si1 和 Si3 封端。这四种表面模型分别简称为 C1Si1、C3Si3、C1C3、Si1Si3(如图 5-1 所示)。

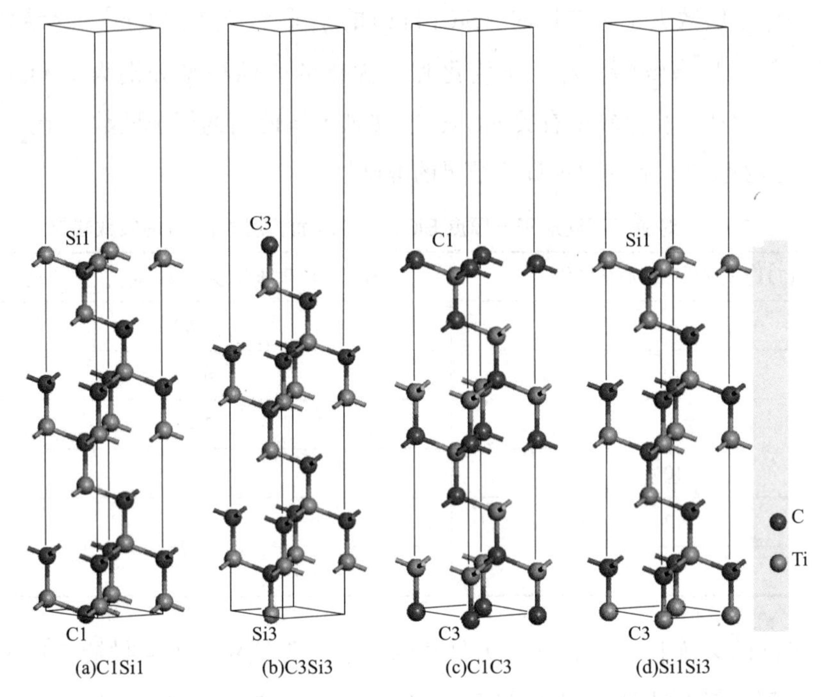

图 5－1 计算 SiC(111)表面能所用的四种 Si(111)表面板块模型：
(C 和 Si 表示表面封端原子；1 或 3 表示表面原子悬空键数目)

2. 表面能的计算

对于九层 TiC(111)板块构型，鉴于其是非化学配比的，可以根据体相 TiC、石墨的化学势(μ_{TiC}^{bulk}，μ_{C}^{bulk})和表面构型中 C 原子的化学势(μ_{C}^{slab})来估算其表面能(γ_s)(详见第 4 章)。Ti 封端和 C 封端的 TiC(111)表面能与 C 元素化学势差($\mu_{C}^{slab}-\mu_{C}^{bulk}$)的关系如图 5－2 所示。其表面能的范围值分别是 1.47～3.26J/m^2(Ti 封端)和 7.82～9.61J/m^2(C－封端)。

在计算 SiC(111)的表面能时，分别优化 C1Si1、C3Si3、C1C3、Si1Si3 四种表面模型。对于 C1C3 和 Si1Si3 模型，二者均为化学计量比的；而 C1C3 和 Si1Si3 模型均为非化学计量比的。使用这四种优化后的模型，可以计算得到以下表面能之和(γ_{sum})：

$$\gamma_{sum,C1\,Si1}=\gamma_{s,C1}+\gamma_{s,Si1}=(E_{slab}^{C1Si1}-n\mu_{SiC}^{bulk})/A \quad (5-1)$$

$$\gamma_{sum,C3\,Si3}=\gamma_{s,C3}+\gamma_{s,Si3}=(E_{slab}^{C3Si3}-n\mu_{SiC}^{bulk})/A \quad (5-2)$$

$$\gamma_{sum,C1\,C3}=\gamma_{s,C1}+\gamma_{s,C3}=[E_{slab}^{C1C3}-n_{Si}\mu_{SiC}^{bulk}+(n_{Si}-n_C)\mu_{C}^{slab}]/A \quad (5-3)$$

$$\gamma_{sum,Si1\,Si3}=\gamma_{s,Si1}+\gamma_{s,Si3}=[E_{slab}^{Si1Si3}-n_{Si}\mu_{SiC}^{bulk}+(n_{Si}-n_C)\mu_{C}^{slab}]/A \quad (5-4)$$

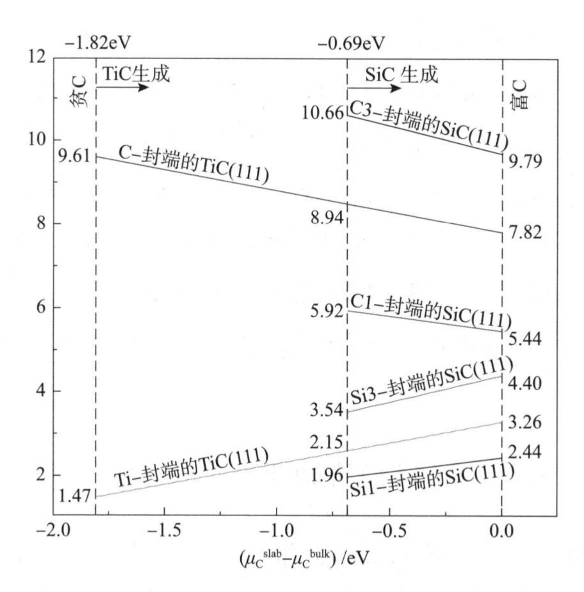

图 5-2　TiC(111)和 SiC(111)表面能与碳原子化学势差($\mu_C^{slab}-\mu_C^{bulk}$)的关系

式中　$\gamma_{s,C1}$、$\gamma_{s,C3}$、$\gamma_{s,Si1}$、$\gamma_{s,Si3}$——C1、C3、Si1、Si3 表面的表面能；

n、n_{Si}、n_C——SiC(111)模型中 SiC 分子数、Si 原子数、C 原子数；

μ_{SiC}^{bulk}——体相 SiC 分子的化学势；

μ_C^{slab}——表面模型中 C 原子的化学势。

其中，等式(5-1)和等式(5-2)也可以看作 SiC(111)的劈裂能，其物理含义与等式(4-2)相同。

假设 C 封端表面和 Si 封端表面的表面能之比是定值，即 $\gamma_{s,C1}/\gamma_{s,Si1}=\gamma_{s,C3}/\gamma_{s,Si3}$，则可由下式计算得到 C1 表面的表面能($\gamma_{s,C1}$)：

$$\gamma_{s,C1}\approx\gamma_{sum,C1\,Si1}\cdot\frac{\gamma_{sum,C1\,C3}}{(\gamma_{sum,C1\,C3}+\gamma_{sum,Si1\,Si3})}\tag{5-5}$$

或

$$\gamma_{s,C1}\approx\gamma_{sum,C1\,C3}\cdot\frac{\gamma_{sum,C1\,Si1}}{(\gamma_{sum,C1\,Si1}+\gamma_{sum,C3Si3})}\tag{5-6}$$

对于其他三种 SiC(111)表面，也可以得到类似的表达式。计算得到的体相 SiC 的形成焓为 -0.69eV，与以往的理论计算数据(-0.644eV)是一致的。根据不等式 $\Delta H_f^0(SiC)\leqslant\mu_C^{slab}-\mu_C^{bulk}\leqslant0$，则可得 C1、C3、Si1、Si3 表面的表面能与 C 原子化学势差($\mu_C^{slab}-\mu_C^{bulk}$)的关系(图 5-2)。可见，Ti 封端的 TiC(111)和 Si1 封端的 SiC(111)具有较小的表面能。相较于各自其他的表面模型，二者在热力学上更为稳定。为了对 SiC(111)/TiC(111)界面进行全面考察，后续界面计算中分别考虑了 Ti 封端和 C 封端的 TiC(111)，以及 Si1 封端和 C1 封端的 SiC(111)。

此外，根据劈裂能和表面能的定义，劈裂能(γ_{cl})等于两种不同封端的表面能之和，即 $\gamma_{cl,TiC(111)} = (\gamma_{s,C-termed} + \gamma_{s,Ti-termed})$，$\gamma_{cl,SiC(111)} = (\gamma_{s,C1} + \gamma_{s,Si1})$。上述计算得到的表面能是符合该关系式的，TiC(111)和 SiC(111)不同封端的表面能之和分别为$(9.61+1.47=7.82+3.26)\,J/m^2=11.08\,J/m^2$ 和$(5.92+1.96)\,J/m^2=(5.44+2.44)\,J/m^2=7.88\,J/m^2$。这两个数值与两物质沿(111)晶面计算得到的劈裂能是一致的。

5.2.2 β-SiC/TiC(111)界面模型

在界面建模中，将九层的 TiC(111)堆垛于十二层的 SiC(111)基底上，并在顶面和底面间插入 10Å 的真空层以消除两自由表面间的互作用。分别考虑了三个因素的影响：①不同的封端原子[C1 和 Si1 封端的 SiC(111)，以及 C 和 Ti 封端的 TiC(111)]。②两种不同的碳原子亚晶格构型(孪生型和非孪生型，如图 5-3 所示)。③三种不同的堆垛位置(中心位、孔穴位、定位，如图 5-4 所示)。总共对 24 种不同的 β-SiC(111)/TiC(111)界面模型进行了计算。为简便起见，对这些界面模型分别进行了编号(S/N 编号参见表 5-2)。

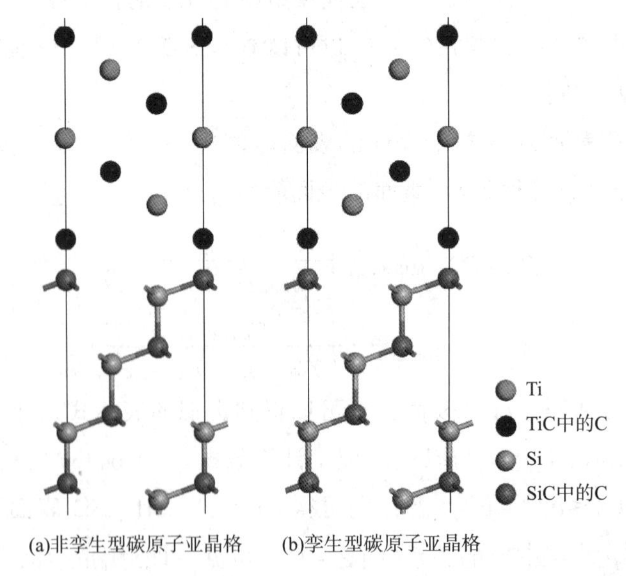

图 5-3　沿(110)平面观察 C/C 封端顶位堆垛 SiC/TiC(111)界面模型

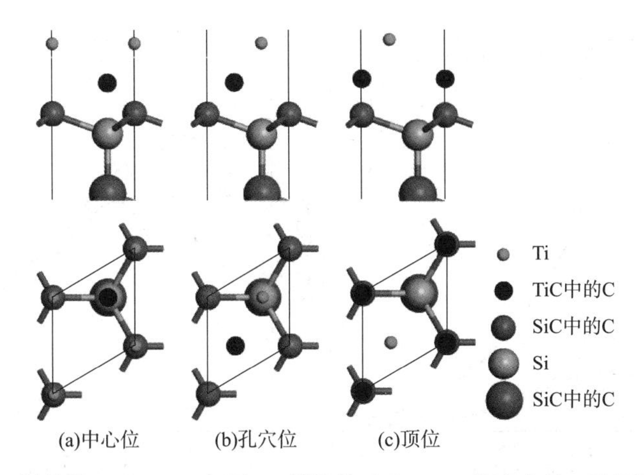

图 5-4　C 封端的 TiC(111)表面 C1 封端的 SiC(111)基底上的三种不同堆垛位置

(图中共显示有五层原子，从小到大的球体依次表示从顶层到底层的原子)

5.3　结果和讨论

5.3.1　界面原子构型和黏附功

采用 UBER 和充分优化两种方法计算了 24 种 SiC(111)/TiC(111)界面模型的黏附功(W_{ad})，两种方法的计算过程详见第 3 章和第 4 章。UBER 方法得到的 $W_{ad}-d_0$关系曲线如图 5-5 所示。

根据 UBER 曲线峰值得到的“最优”界面间距(d_0)和黏附功(W_{ad})列于表 5-2 的“UBER”栏。以 UBER 所得“最优”d_0 为初始界面间距建模，充分优化后，得到的黏附功(W_{ad})、平衡界面间距(d_{eq})、界面处的平衡原子间距(Δ)列于表 5-2 的“完全优化”栏。可见，两种方法计算所得 W_{ad}的变化趋势是彼此一致的。

图 5-6 所示为充分优化后 24 种 SiC(111)/TiC(111)模型的界面原子构型。从图中可见，C/C 封端的界面的界面间距较小，而 Si/Ti 封端的界面间距较大，C/Ti 封端和 Si/C 封端界面居于两者之间。这意味着，C/C 封端的模型可能具有更紧密的界面结合，其中，C/C 封端顶位堆垛模型(CCU3 和 CCT3)的界面间距最小。在 CCU3 和 CCT3 模型中，界面处形成了 C-C 原子对，可见，在这两个界面中倾向于生成富碳层。在 CCU3 和 CCT3 模型的界面两侧，SiC 和 TiC 均保持原本的堆垛方式外延至界面，且二者依靠顶位排列的富碳层连接起来。

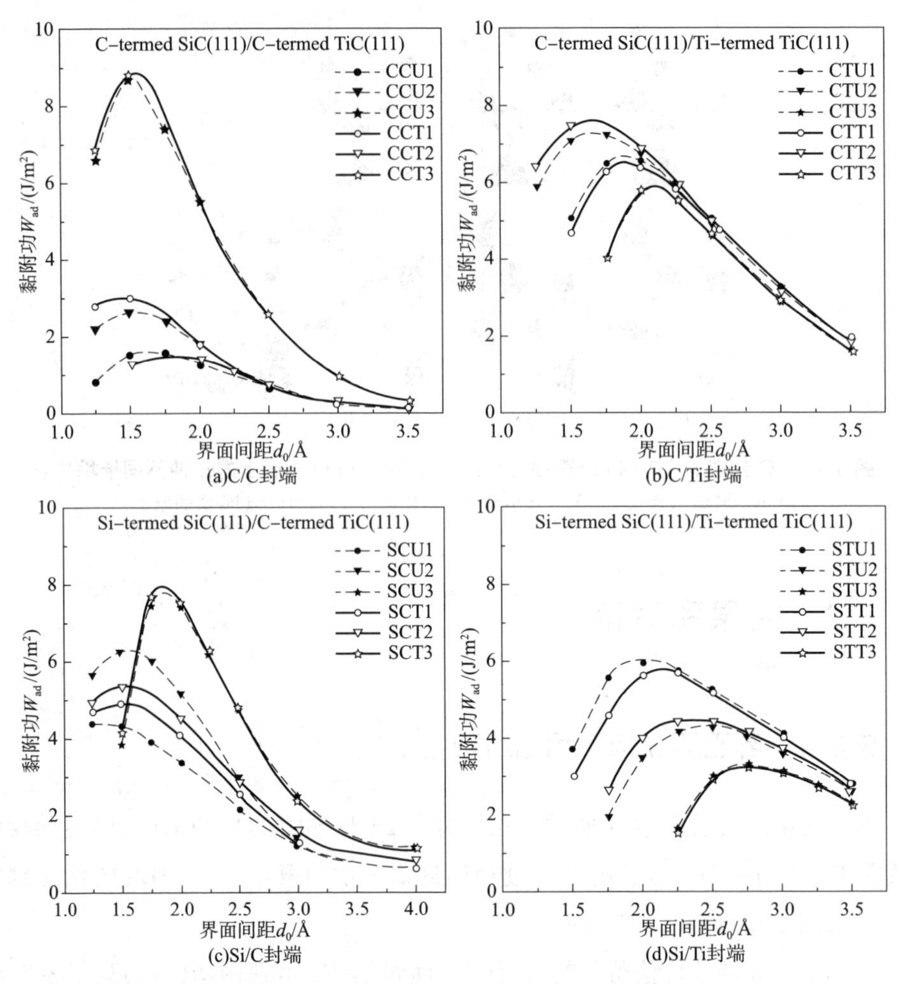

图 5－5　二十四种不同 SiC/TiC(111)界面模型的广义结合能关系(UBER)曲线，分别具有非孪生型和孪生型碳原子亚晶格、不同的堆垛位置（中心位、孔穴位、顶位）和不同的界面封端

上述观点从黏附功的计算结果也可以得到支持。从热力学角度出发，界面模型的黏附功(W_{ad})越大，则该界面模型的稳定性也越大。在所有 24 种界面模型中，C/C 封端顶位堆垛界面具有最大的 W_{ad}(对于 CCU3 和 CCT3 分别为 10.24J/m² 和 10.09J/m²)，因此，该界面模型最为稳定。排在其后的依次是 Si/C 封端顶位堆垛界面(对于 SCU3 和 SCT3，其 W_{ad}分别为 7.84J/m² 和 7.78J/m²)，C/Ti 封端孔穴位堆垛界面(对于 CTU2 和 CTT2，其 W_{ad}分别为 7.35J/m² 和 7.61J/m²)，和 Si/Ti 封端中心位堆垛界面(对于 STU1 和 STT1，其 W_{ad}分别 5.77J/m² 和 5.49J/m²)。

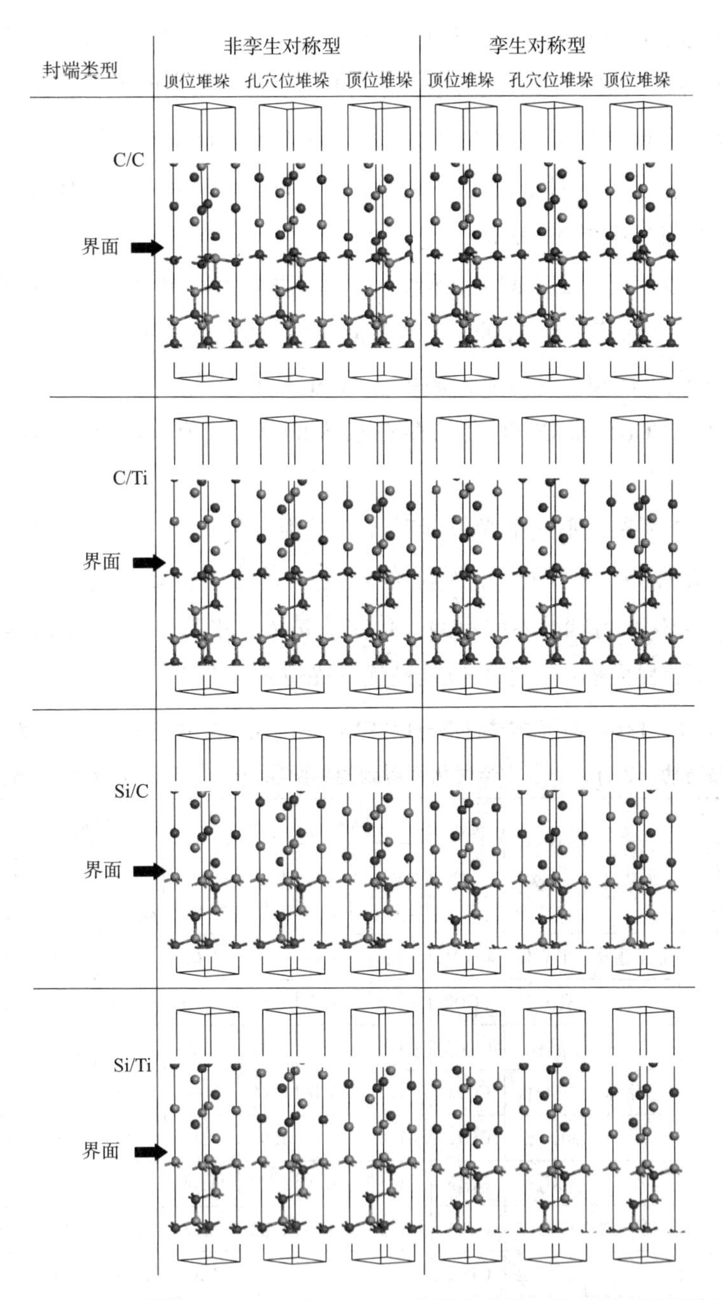

图5-6 二十四种 SiC(111)/TiC(111)模型充分优化后的界面原子构型

可以看到界面平衡间距(d_{eq})越小，则其黏附功越大，即两表面的结合越紧密。因此，四种不同封端界面的优先次序是 C/C > Si/C > C/Ti > Si/Ti。

在所有24个界面模型中，碳原子亚晶格对界面稳定性没有明显影响，由表5-2

可见，与界面封端和堆垛位置的影响相比，碳原子亚晶格对界面模型黏附功没有明确的影响规律。对于 C/C 封端孔穴位和中心位堆垛界面而言，碳原子亚晶格的影响稍大（CCU2 和 CCT2 之间 W_{ad} 的差值为 1.83J/m^2，CCU1 和 CCT1 之间 W_{ad} 的差值为 1.01J/m^2）。对于其他的界面模型，非孪生型和孪生型碳原子亚晶格所引致的 W_{ad} 差值都小于 0.7J/m^2。

对于 CCU2 和 CCT2 之间存在最大 W_{ad} 差值的原因，可以解释为：在 CCU2 模型中，TiC(111) 的第二层 Ti 原子位于 SiC(111) 表面的 C 原子上；而在 CCT2 模型中，Ti 原子位于 SiC(111) 表面的第二层 Si 原子上；且 Ti—C 键要比 Ti—Si 键强得多。对于 CCU1 和 CCT1 之间存在较大的 W_{ad} 差值，也可以解释为类似的原因。

由表 5－2 可见，不同堆垛位置对界面黏附功所产生的影响也较弱。在 C/C 和 Si/C 封端的界面模型中，顶位是最优堆垛位置（CCU3、CCT3 和 SCU3、SCT3）；对于 C/Ti 封端的界面模型，孔穴位是最优堆垛位置（CTU2，CTT2）；对于 Si/Ti 封端的界面模型，中心位是最优堆垛位置（STU1，STT1）。

表 5－2 由两种不同方法（UBER 和完全优化）得到的界面间距（d_0 和 d_{eq}）、黏附功（W_{ad}），以及完全优化后得到的界面能（γ_{int}）、界面处原间距（Δ）

封端		C 原子亚晶格	堆垛位置	界面模型编号	UBER		完全优化					
SiC (111)	TiC (111)				d_0/Å	W_{ad}/(J/m^2)	d_{eq}/Å	W_{ad}/(J/m^2)	原子间距 Δ/Å: Δ_{C-C}[a]	Δ_{C-Ti}[b]	Δ_{Si-C}[c]	Δ_{Si-Ti}[d]
C 封端	C 封端	非孪生型	中心位	CCU1	~1.6	~1.6	1.89	3.67	2.76	3.82	1.89	—
			孔穴位	CCU2	~1.5	~2.7	1.69	2.96	2.46	2.67	2.86	—
			顶位	CCU3	~1.5	~8.7	1.43	10.24	1.43	3.40	2.78	—
		孪生型	中心位	CCT1	~1.5	~3.0	1.69	2.66	2.46	2.76	2.14	—
			孔穴位	CCT2	~1.8	~1.5	1.97	1.13	2.65	3.66	2.99	—
			顶位	CCT3	~1.5	~8.9	1.42	10.09	1.42	3.34	2.76	—
	Ti－封端	非孪生型	中心位	CTU1	~1.9	~6.7	1.82	7.17	3.40	2.54	—	2.56
			孔穴位	CTU2	~1.7	~7.3	1.71	7.35	2.86	2.46	—	2.95
			顶位	CTU3	~2.1	~5.9	2.09	5.66	3.58	2.08	—	3.21
		孪生型	中心位	CTT1	~1.9	~6.5	1.90	6.47	3.15	2.60	—	2.53
			孔穴位	CTT2	~1.7	~7.6	1.68	7.61	3.30	2.44	—	2.94
			顶位	CTT3	~2.1	~5.9	2.10	5.76	3.61	2.10	—	3.24

续表

封端		C原子亚晶格	堆垛位置	界面模型编号	UBER		完全优化					
SiC(111)	TiC(111)				d_0/Å	W_{ad}/(J/m^2)	d_{eq}/Å	W_{ad}/(J/m^2)	原子间距Δ/Å			
									Δ_{C-C}[a]	Δ_{C-Ti}[b]	Δ_{Si-C}[c]	Δ_{Si-Ti}[d]
Si封端	C封端	非孪生型	中心位	SCU1	~1.4	~4.4	1.27	5.48	2.08	—	2.18	3.06
			孔穴位	SCU2	~1.5	~6.3	1.37	7.17	2.80	—	2.24	2.64
			顶位	SCU3	~1.9	~7.8	1.85	7.84	3.07	—	1.85	3.64
		孪生型	中心位	SCT1	~1.5	~4.9	1.45	5.60	2.21	—	2.29	2.64
			孔穴位	SCT2	~1.6	~5.4	1.19	7.72	2.80	—	2.13	3.05
			顶位	SCT3	~1.8	~8.0	1.83	7.78	3.04	—	1.83	3.52
	Ti封端	非孪生型	中心位	STU1	~2.0	~6.0	2.04	5.77	—	2.67	3.64	2.70
			孔穴位	STU2	~2.5	~4.3	2.48	4.36	—	3.63	3.57	3.05
			顶位	STU3	~2.8	~3.3	2.75	3.42	—	3.85	4.16	2.75
		孪生型	中心位	STT1	~2.1	~5.7	2.12	5.49	—	2.77	3.27	2.77
			孔穴位	STT2	~2.4	~4.4	2.40	4.59	—	3.56	3.89	2.99
			顶位	STT3	~2.7	~3.2	2.74	3.42	—	3.84	4.15	2.74

注：[a] 对于C/C封端界面模型，Δ_{C-C}是界面C原子间距；对于C/Ti封端界面模型，Δ_{C-C}是SiC(111)的界面C原子与TiC(111)第二层的C原子间距；对于Si/C封端的界面模型，Δ_{C-C}是SiC(111)的第二层C原子与TiC(111)的界面C原子间距。

[b] 对于C/C封端界面模型，Δ_{C-Ti}是SiC(111)的界面C原子与TiC(111)第二层的Ti原子间距；对于C/Ti封端界面模型，Δ_{C-Ti}是界面处SiC(111)的C原子和TiC(111)的Ti原子间距；对于Si/Ti封端界面模型，Δ_{C-Ti}是SiC(111)第二层的C原子和TiC(111)的界面处的Ti原子间距。

[c] 对于C/C封端界面模型，Δ_{Si-C}是SiC(111)第二层的Si原子与TiC(111)界面处的C原子间距；对于Si/C封端界面模型，Δ_{Si-C}是界面处SiC(111)的Si原子和TiC(111)的Ti原子间距；对于Si/Ti封端界面模型，Δ_{Si-C}是SiC(111)界面处的Si原子和TiC(111)第二层的C原子间距。

[d] 对于C/Ti封端界面模型，Δ_{Si-Ti}是SiC(111)第二层的Si原子与TiC(111)界面处的Ti原子间距；对于Si/C封端界面模型，Δ_{Si-Ti}是SiC(111)界面处的Si原子和TiC(111)第二层的Ti原子间距；对于Si/Ti封端界面模型，Δ_{Si-Ti}是界面处SiC(111)的Si原子和TiC(111)的Ti原子间距。

鉴于碳原子亚晶格对界面模型黏附功的影响非常小，后文选择四种孪生型碳原子亚晶格模型(CCT3，CTT2，SCT3，STT1)进行深入比较。这四种模型在完全优化后的价电子密度分布和电荷密度差分分布如图5-7和图5-8所示。由图5-7(a)可见，在C/C封端顶位堆垛模型(CCT3)的C—C原子对之间的电荷密度更大，且图5-8(a)也显示出该模型的C—C原子对之间的电荷转移程度更高，因此，可以判定C/C封端顶位堆垛模型的界面电荷作用最强。相应地，也可以看到，Si/Ti封端中心位堆垛模型(STT1)的界面电荷作用最弱[图5-7(d)和图5-8(d)]，而C/C封端顶位堆垛(CCT3)[图5-7(b)和图5-8(b)]和C/Ti封端孔穴位堆垛(CTT2)[图5-7(c)和图5-8(c)]模型居于二者之间。这与四种模型的界面黏附功大小排序关系是一致的，从而印证了C/C封端顶位堆垛模型(CCT3)具有最大的界面结合强度，是最稳定的界面原子构型。

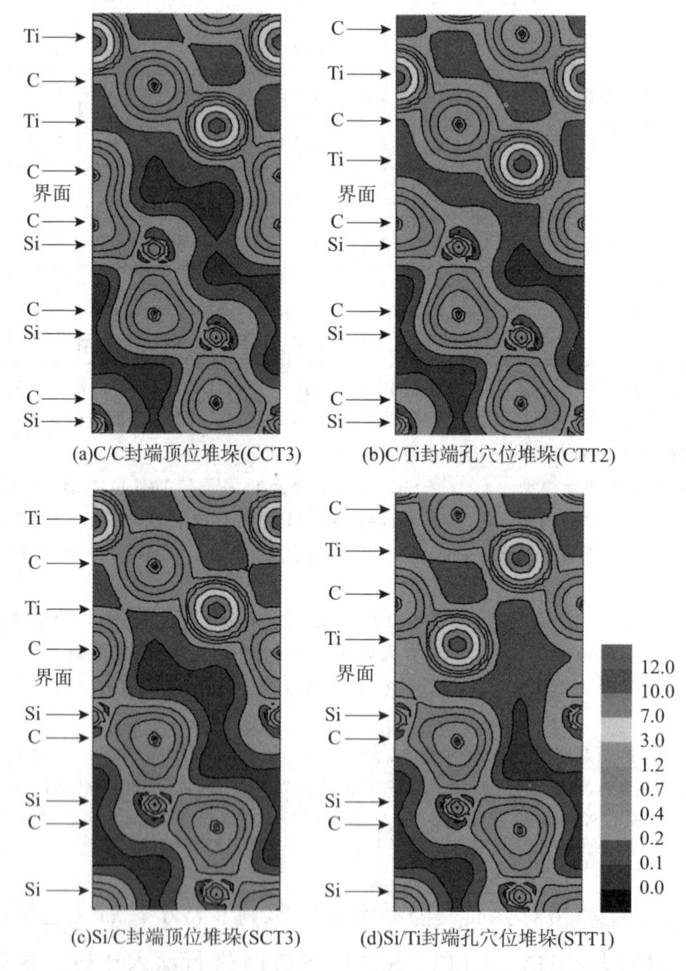

图5-7　四种SiC/TiC(111)界面模型沿(110)平面的价电子密度(electrons/Å^3)分布

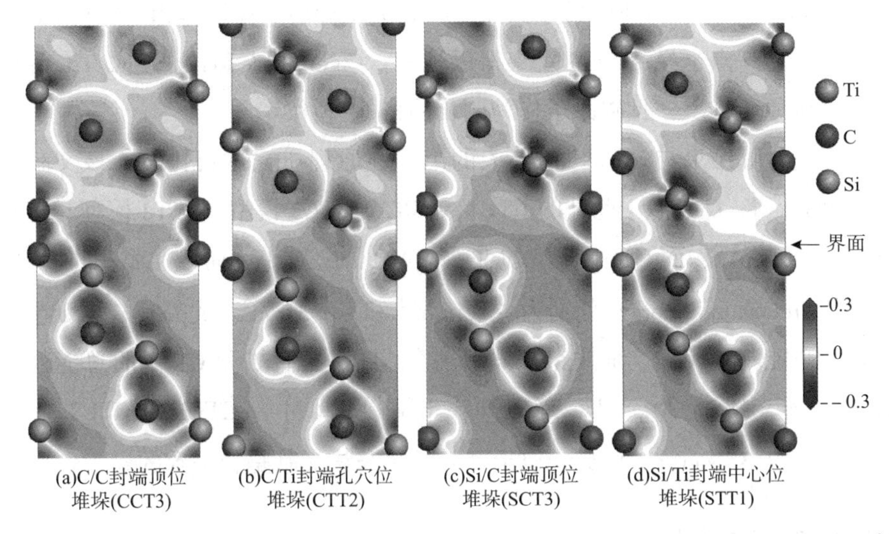

图5-8 四种 SiC/TiC(111)界面模型沿(110)平面的价电子密度差分分布(electrons/Å³)

此外，界面处的原子间距(列于表5-2)也提供了如下信息：①CCT3模型中的 $\Delta_{C-C}=1.42$Å，该数值与石墨和石墨烯中的C—C键长是一致的。②CTT2模型中的 $\Delta_{C-Ti}=2.44$Å，该数值最接近于体相TiC中的C—Ti键长(2.17Å)。③SCT3模型中的 $\Delta_{Si-C}=1.83$Å，该数值最接近于体相SiC中的C—Si键长(1.89Å)。④STT1模型中的 $\Delta_{Si-Ti}=2.77$Å，该数值最接近于体相 Ti_5Si_3 中的Si—Ti键长(2.60Å)。因此，SiC/TiC界面反应产物可能含有的组分是：碳层、钛的碳化物、硅的碳化物和钛的硅化物。考虑到这四种界面模型的稳定性，形成这些反应组分的可能性从大到小依次是：碳层>钛的碳化物>硅的碳化物>钛的硅化物。可见，碳层在SiC/TiC(111)界面形成的可能性最大。该假设与以往的实验研究结果也是一致的，例如：使用高分辨率透射电子显微镜(HRTEM)，Kimura等人证实了在α-SiC(000$\bar{1}$)/TiC(111)界面上存在石墨烯层，且认为该石墨烯层的碳原子来自TiC和SiC。另外，对溶胶-凝胶工艺得到的Ti—Si—O—C单相前驱体直接进行碳热还原，制备得到了碳键合的SiC/TiC介观多孔复合材料，且发现石墨烯也生长于TiC晶粒的{111}晶面上，但在SiC上却没有观察到。在热处理后的Ti/4H-SiC体系中，使用软X射线发射光谱(SXES)和光发射电子显微镜(PEEM)进行检测观察，结果显示界面反应产物含有 Ti_5Si_3 和TiC，更重要的是在近表面区域也存在过量的碳。

此外，对于CTT2和SCT3模型，二者的界面原子构型都是异质外延型的[如

图5-6和图5-8(a, c)所示]。界面处的C原子倾向于保留体相SiC或TiC中的堆垛方式。这一点也经由TEM观察得以证实：Chien等人确认了SiC/TiC界面处的异质外延原子构型，且碳原子作为两相晶格的"桥梁"。

将上述计算结果与Rashkeev等人的第一性原理研究进行比较，该文献中的界面模型A、B、C类似于此处的CTU1、CTT2、CTU2模型。CTT2模型具有较大的W_{ad}(7.61J/m^2)，而CTU1模型的W_{ad}(7.17J/m^2)较小。而该文献中模型A、B的弛豫能(relaxation energy)分别为-3.1J/m^{2}和-0.3J/m^2。此外，该文献中模型B和C的总能基本相同，而本节所得计算结果中，CTU2和CTT2的总能仅相差0.21eV(3.4×10^{-20} J)，且二者的W_{ad}非常接近(对于CTT2和CTU2分别为7.61J/m^{2}和7.35J/m^2)。可见，以上计算结果与该文献是相一致的。

5.3.2 界面能

对于九层TiC(111)堆垛于十二层SiC(111)上的界面模型，其界面能可以通过式(5-7)计算：

$$\gamma_{int}=\frac{1}{A_i}[E_{total}-N_{Ti}\mu_{TiC}^{bulk}+(N_{Ti}-N_C)\mu_C^{slab}-N_{Si}\mu_{SiC}^{bulk}]-\gamma_{s,TiC(111)}-\gamma_{s,SiC(111)} \tag{5-7}$$

式中 A_i——界面的面积；

E_{total}——界面板块模型的总能；

N_{Ti}、N_C——TiC(111)板块中Ti和C原子的数目；

N_{Si}——SiC(111)板块中Si原子的数目；

μ_{TiC}^{bulk}、μ_{SiC}^{bulk}——体相TiC和SiC中单个分子式所具有的化学势；

$\gamma_{s,TiC(111)}$、$\gamma_{s,SiC(111)}$——两个表面的表面能。

在碳原子化学势的差值($\mu_C^{slab}-\mu_C^{bulk}$)处于$\Delta H_f^0(SiC)\leqslant(\mu_C^{slab}-\mu_C^{bulk})\leqslant0$范围时，对24种界面模型的界面能进行了计算，其结果见图5-9所示。

由图5-9可见，对于不同的界面封端，当碳原子亚晶格为孪生型时，界面能按CCU3 < SCU3 < CTU2 < STU1的次序依次增大；当碳原子亚晶格为非孪生型时，界面能按相同的次序增大，即CCT3 < SCT3 < CTT2 < STT1。较小的界面能表示该界面更稳定，因此，C/C和Si/Ti封端的界面分别是最稳定和最不稳定的。该结论与黏附功的计算结果是一致的。

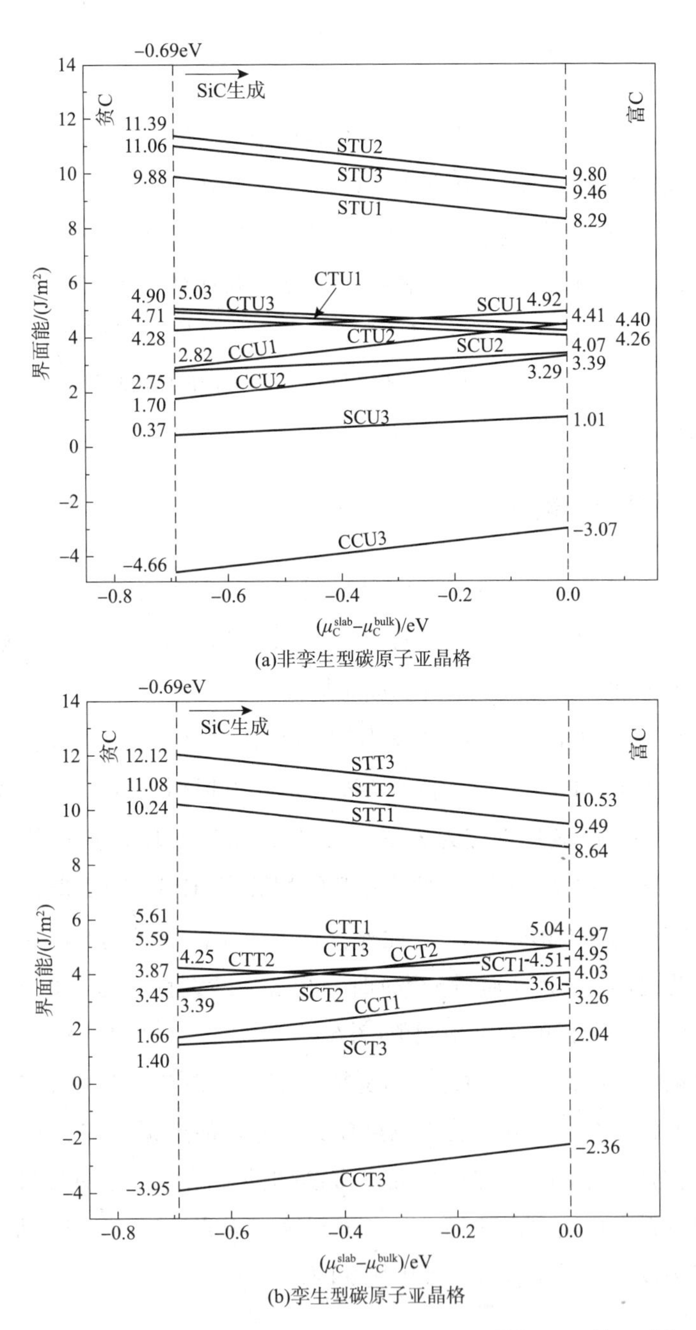

(a)非孪生型碳原子亚晶格

(b)孪生型碳原子亚晶格

图5-9 SiC/TiC(111)界面模型的界面能与碳原子化学势差($\mu_C^{slab}-\mu_C^{bulk}$)的关系

在这24种界面模型中，只有C/C封端顶位堆垛的模型具有负的界面能(其中，CCU3模型为$-4.66\sim-3.07J/m^2$，CCT3模型为$-3.95\sim-2.36J/m^2$)。可见，界面合金化和新的界面相(碳层)更有可能出现在 C/C 封端顶位堆垛的界面上。

对于α和β的界面，其黏附功W_{ad}与界面能γ_{int}存在有关系式：$W_{ad}=\gamma_{s,\alpha}+\gamma_{s,\beta}-\gamma_{int}$，即较小的$\gamma_{int}$对应于较大的$W_{ad}$。对于四种不同的界面封端而言，界面能从 C/C 封端到 Si/Ti 封端依次增大(CCU3 < SCU3 < CTU2 < STU1，and CCT3 < SCT3 < CTT2 < STT1)，而对于黏附功，则按次顺序依次减小(CCU3 > SCU3 > CTU2 > STU1，and CCT3 > SCT3 > CTT2 > STT1)。可见，我们计算得到的W_{ad}与γ_{int}符合上述关系式。更重要的是，这也再次说明四种不同封端界面的稳定性是：C/C > Si/C > C/Ti > Si/Ti。

5.3.3 界面断裂韧性

根据式(3-4)和式(3-5)，如果E（或E_{hkl}）和c均不变，参照表 5-2 中的W_{ad}，则 C/C 封端顶位堆垛模型(CCU3 和 CCT3)具有最大的σ_F和K_{Ic}^{int}，即 C/C 封端顶位堆垛界面应具有最大的界面断裂韧性。

对于体相 SiC 和 TiC，可以计算得到二者沿[111]方向的杨氏模量分别为$E_{SiC,111}=323.79$GPa 和$E_{TiC,111}=460.34$GPa。据此可根据等式(3-5)得到 C/C 封端顶位堆垛界面的断裂韧性应为 3.6~4.3MPa·$m^{1/2}$。作者检索得到一些 SiC—TiC 结构K_{Ic}^{int}的实验数据，例如，使用化学气相沉积(CVD)制备得到的 SiC—TiC，其最大断裂韧性为 5.9MPa·$m^{1/2}$，此外，采用热压法制备的 SiC—TiC 复合材料时，当 TiC 的比例为 40%(质量分数)时，其最大断裂韧性为 6.0MPa·$m^{1/2}$。相比于上述实验值，所得的理论预测值(3.6~4.3MPa·$m^{1/2}$)稍小。在本节计算过程中，裂纹被限定在沿 SiC/TiC(111)界面扩展，且该界面是两个单晶体间的界面。而实际上，裂纹在扩展扩展中偏离界面，进入甚至穿过 SiC(或 TiC)一侧是非常常见的，且实际的 SiC/TiC 界面是多晶体的，晶界也会对裂纹扩展造成阻碍，从而使材料表现出更大的韧性。考虑到这些因素，以上对K_{Ic}^{int}进行的第一性原理预测方法及其结果是合理和可以接受的。

5.3.4 界面成键分析

为了更深入地明确β-SiC/TiC(111)界面的成键本质，计算了该界面的分波态密度(PDOS)。在 PDOS 计算中，$\boldsymbol{k}$-points 设定为 21×21×1。因为 C/C 封端顶位堆垛界面(CCU3 和 CCT3)具有最强的界面黏附功和最大的界面断裂韧性，也是最稳定的界面，且孪生型和非孪生型碳原子亚晶格的影响非常小(二者的 W_{ad} 仅仅相差 0.15J/m^2)，所以仅就 CCT3 模型的 PDOS(如图 5-10 所示)进行讨论。

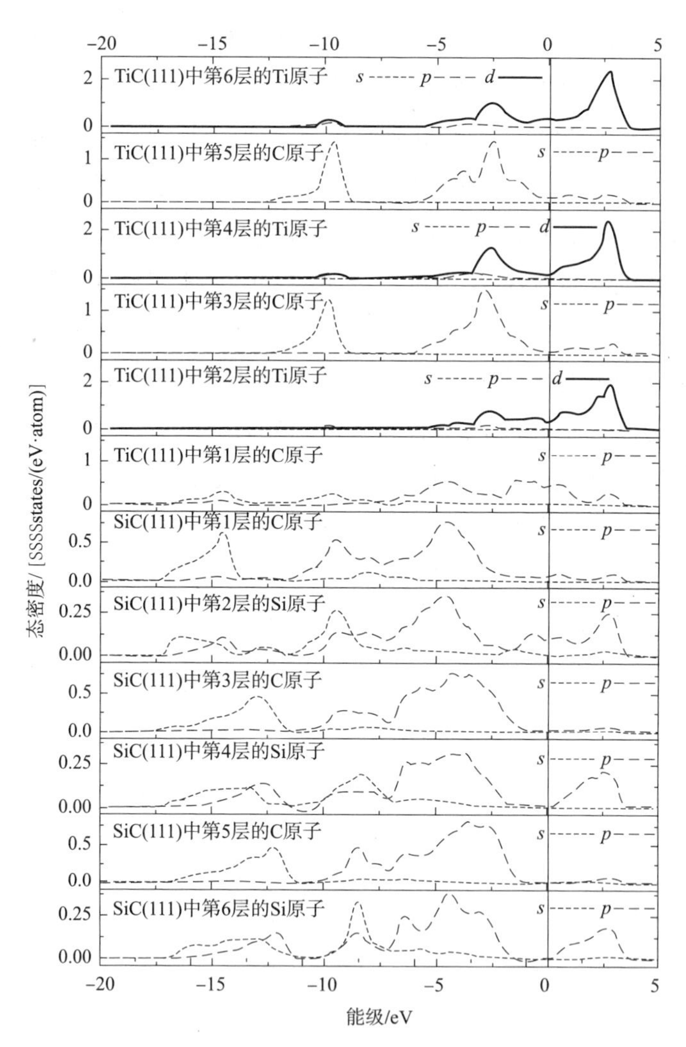

图 5-10 C/C 封端顶位堆垛 β-SiC/TiC(111)界面(CCT3)的分波态密度图，竖直实线表示费米能级

比较界面处和表面深处碳原子的 PDOS 曲线，可以明显地看到，在 TiC(111)和 SiC(111)第一层 C 原子的曲线中，在 -14.5eV、-9.5eV 和 -4.5eV 附近出现了几个新的峰。这些相互对应的峰表明了界面 C—C 原子间存在较强的电荷作用，且该电荷作用主要是由 C－s 和 C－p 轨道的杂化所导致的。这也意味着界面处存在较强的共价键作用。

相比于表面深处的体相原子，对于 TiC(111) 中的第一层 C 原子和第二层 Ti 原子，其 PDOS 曲线具有更多非局域化的特征，尤其是 C－p 和 Ti－d 轨道，比如在费米能级附近具有更高的态密度，且其曲线的高度也大大降低。对于 SiC(111) 中的第一层 C 原子的 p 轨道和第二层 Si 原子 p 轨道，也具有完全相同的趋势。这一现象表明，界面原子的电荷作用与表面深处(或体相内部)的原子是不同的。界面处 C—Ti 和 C—Si 原子键的共价特征要比体相内部弱得多，可以预测到：界面处电子的自由移动能力要比体相内部大得多。

更为重要的是，上述现象也可以说明：相比于体相深处，界面处 C—Si 和 C—Ti 键的结合强度较弱。则相比于体相内部，界面处的 C—Si 和 C—Ti 键更易于断裂分解。基于该假设，可以对 SiC/TiC 界面形成碳层作以下合理推断：先是 SiC/TiC 界面附近的 C—Si 和 C—Ti 键分解，然后分解后产生的碳原子在界面处聚集形成碳层。需要进一步指出的是我们的上述假设与 SiC$(000\bar{1})$/TiC(111) 界面的 HRTEM 观察是一致的。该实验研究确认了此界面处的石墨化作用，以及形成由 TiC 和 SiC 提供碳原子的石墨烯层。

第6章　β－SiC(111)表面碳沉积的第一性原理研究

6.1　简述

在连续SiC纤维的断裂过程中，如果纤维表面存在孔隙、微裂纹等缺陷，则纤维裂纹很可能在这些表面缺陷处萌生扩展，从而降低纤维的性能。研究表明，在SiC纤维表面预制涂层，能够有效减少表面缺陷，从而提高纤维的断裂强度。例如，刘海威等人在SiC纤维表面通过CVD方法涂碳后，纤维强度提高了1000 MPa左右，且Weibull模数明显提高，纤维强度分散性下降。表面涂碳对SiC纤维增强复合材料的界面力学性能也具有直接影响，例如：Huang等人采用有限元方法，考察了不同涂层(无涂层、碳涂层、C/TiB_2双涂层)对SiC_f/Ti－6Al－4V复合材料界面热残余应力的影响，结果表明涂层显著影响复合材料的界面热残余应力，而碳涂层SiC纤维与基体复合后的界面残余应力较小。在轴向拉伸载荷作用下，Naseem等人对SiC_f/TiTi－6Al－4V复合材料进行了原位SEM(Scanning Electron Microscopy)观察，结果显示：对于用无涂层纤维制备的复合材料，在加载后纤维碎断为短节；而对于有碳涂层的纤维，其复合材料在拉伸过程中纤维没有立即发生断裂，而在试样完全断裂后，部分纤维发生拔出(pull out)现象。

在SiC纤维表面预制碳涂层是一种最主要的表面改性方法，也广泛应用于目前常见的SiC连续纤维，如SCS纤维、sigma纤维、Nicalon纤维，以及国产纤维等。对SCS－6纤维碳涂层的研究表明，该纤维表面的非晶碳涂层是由纳米尺度的“乱层碳(turbostratic carbon)”区块所构成的。在这些区块内C原子的排布类似于石墨，由sp^2轨道杂化成键，与石墨不同的是沿着z方向，在类似于石墨(0001)的基面上，“乱层碳”的层间堆垛次序并非石墨所具有的ABAB堆垛方式，而是相对旋转了任意角度，且两基面之间的间距也并非定值，其平均值为0.347nm，略大于石墨(0002)面间距(0. 335 nm)。然而，关于碳涂层与 SiC 的界面信息，例如靠近 SiC 表面处的碳原子构型、界面结合强度和界面成键分析等，目前还很难检索到相关文献。

综上所述，有必要使用第一性原理方法，从原子(或电子)尺度对碳原子在 SiC 表面的沉积过程进行研究，以明确该界面处碳原子的稳态构型和成键本质。

6.2 研究过程细节

本节所有计算均使用 CASTEP 软件，所用泛函为 GGA - PBE，截断能、***k*** - points 和其他计算参数的收敛性测试和选定与前面章节相同。

6.2.1 建立 $\boldsymbol{\beta}$ - SiC(111)表面模型

以往研究表明 β - SiC 纤维表面更有可能是(111)晶面。此外，根据本书第 5 章的研究结果(图 5 - 2)，具有一个悬空键的 SiC(111)表面具有较低的表面能，在热力学上较为稳定，而且，对于具有一个悬空键 SiC(111)表面的两种封端构型，Si 封端表面比 C 封端表面的表面能更小，也更为稳定。但是在本章中，为了更全面细致地考察碳原子在 SiC(111)表面的沉积，分别模拟计算了在这两种封端 SiC(111)表面上碳原子的沉积过程。

依据前面章节的计算结果，分别建立含有十二层原子的 C 封端和 Si 封端的 SiC(111)表面超晶胞。为了给后续碳原子的沉积预留足够的空间，在顶面和底面之间加入厚度为 30Å 的真空层。对 β - SiC(111)表面超晶胞进行充分弛豫优化。考虑到在优化 SiC(111)表面构型时，表面原子的弛豫远比内部原子更为剧烈，因此，固定下面七层原子的分数坐标，仅允许表面的五层原子自由弛豫。

6.2.2 模拟碳原子的逐层沉积

先在 β - SiC(111)表面构型上添加一层碳原子，参考石墨和石墨烯中的 C—C 键长(1.42Å)和 β - SiC 中的 Si—C(1. 89Å)键长，确定该原子与 SiC(111)表面的初始距离。分别考虑洁净 SiC(111)表面中心位(Center site)、孔穴位(Hollow site)和顶位(Top site)三种不同的吸附沉积位置，建立三个初始模型(如图 6 - 1 所示)。对上述添加有一层碳原子的吸附模型进行弛豫优化，得到三个不同模型的最终构型(如图 6 - 1 所示)，分别计算其总能。比较单个碳原子在 SiC(111)表面的平均结合能(binding energy，E_b)：

$$E_b = \frac{1}{n}(E_{C/SiC(111)} - E_{SiC(111)} - nE_C) \quad (6-1)$$

式中 $E_{C/SiC(111)}$——吸附沉积后体系的总能；

$E_{SiC(111)}$——洁净 SiC(111)表面的总能；

E_C——单个碳原子的能量；

n——沉积碳原子的数量。

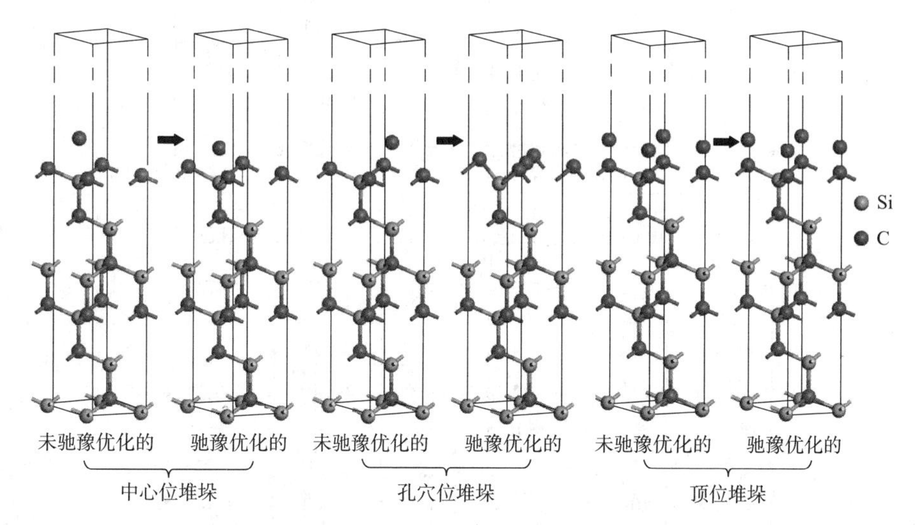

图 6－1 C 封端 β－SiC(111)表面沉积一层碳原子时优化前后的超晶胞模型

平均结合能 E_b 一般为负值，表明吸附沉积是一个放热过程，且其数值越负，则吸附沉积后的构型在热力学上越稳定，也越倾向于在实际中发生。据此，比较碳原子在三种不同位置沉积构型的 E_b 值，可以判定沉积有一层碳原子的最稳定构型，之后，再以沉积了一层碳原子的最稳定构型为基础，构建沉积第二层碳原子的初始模型。以此类推，以前一层碳原子最稳定构型为基础，构建下一层碳原子的初始沉积模型。

需要说明的是，构建第二层及后续碳原子层的沉积模型时，仍以洁净 SiC(111)表面的中心位、孔穴位、顶位这三个堆垛位置，建立三个初始模型。

6.2.3 模拟每次沉积两层碳原子

在相邻两层沉积碳原子之间存在着相互作用，为了考察和验证该相互作用对沉积碳原子的平衡构型是否存在影响，分别模拟了在 C 封端和 Si 封端 SiC(111)

表面上，每次沉积两层碳原子。两层碳原子分别考虑在中心位、孔穴位和顶位上进行堆垛，因此，每添加两层原子，需要计算九种初始构型。图 6－2 所示为 C 封端 SiC(111)表面上首次沉积两层碳原子时，优化前后的原子构型。

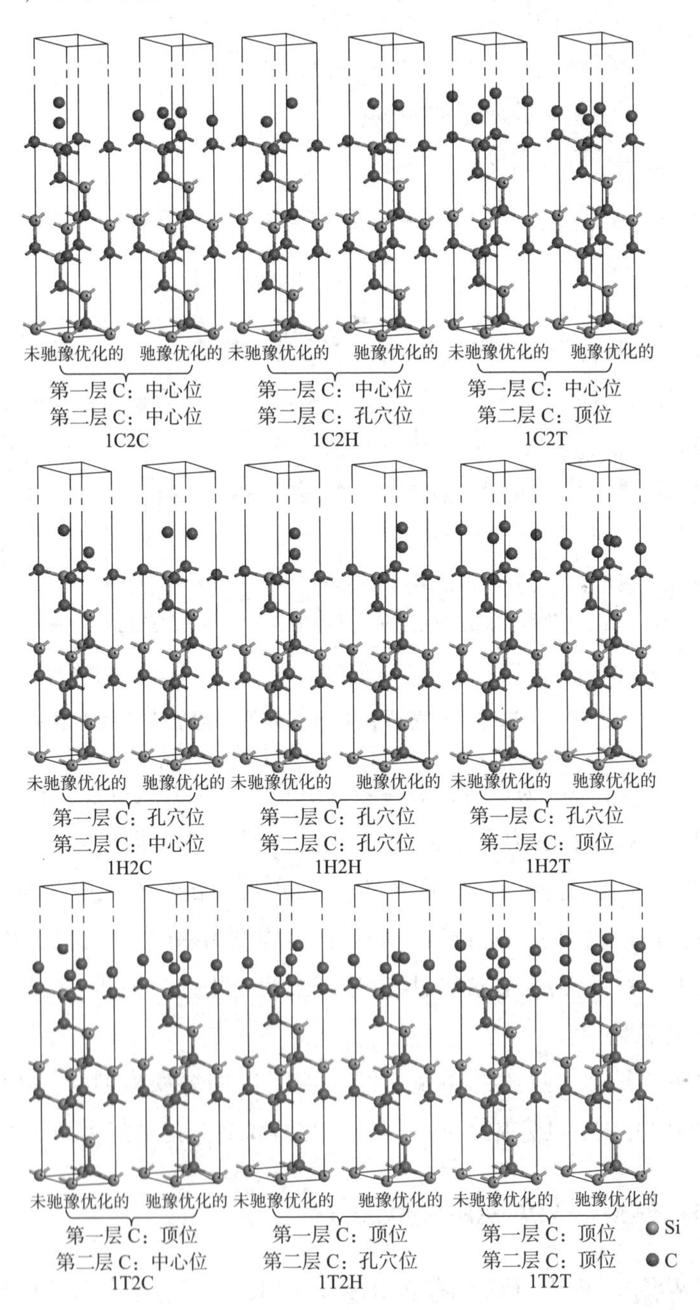

图 6－2　C 封端 β－SiC(111)表面单次沉积两层碳原子时优化前后的超晶胞模型

对初始构型进行优化弛豫，计算并比较其平均结合能，判定最稳定原子构型。再以最稳定构型为基础，继续添加两层碳原子，重复上述计算过程。在本节中，分别在C封端和Si封端SiC(111)表面上，考察了三次(每次两层)碳原子的吸附沉积过程。最终得到沉积有六层碳原子的最稳定原子构型。后文的计算结果显示，所得到的最稳定原子构型与每次沉积一层碳原子时是一致的。

6.2.4 模拟碳原子在(2×2)表面上的沉积

上述建模中均采用了SiC(111)的(1×1)表面，为了明确SiC(111)表面尺寸是否影响沉积碳原子的最稳定构型，对C封端SiC(111)(2×2)表面上碳原子的吸附沉积过程也进行了对比模拟。分别考虑了洁净C封端SiC(111)(2×2)表面的中心位、孔穴位和顶位三种吸附沉积位置，每次在该表面的相同位置吸附沉积一层碳原子，总共模拟了四层碳原子的沉积过程。图6-3所示即为C封端SiC(111)(2×2)表面上沉积一层碳原子时的初始原子构型。后文中的计算结果显示，在C封端SiC(111)(2×2)表面上碳沉积的最稳定构型与在(1×1)表面上完全相同。

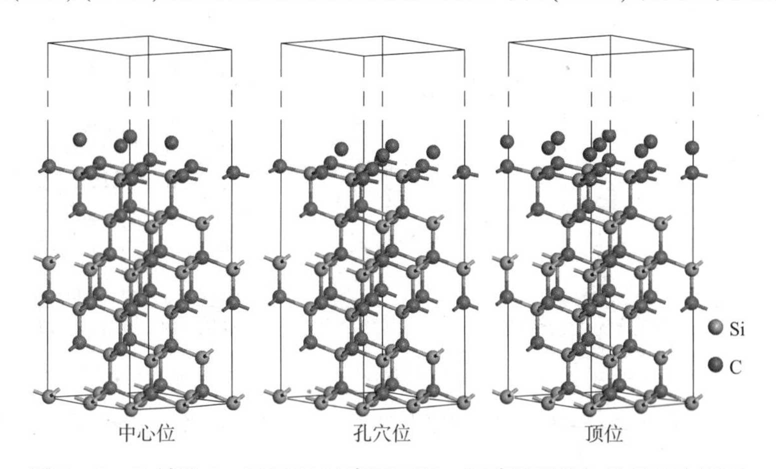

图6-3 C封端β-SiC(111)表面沉积一层碳原子的初始超晶胞模型

6.3 结果和讨论

6.3.1 碳原子在C封端表面的稳态沉积构型

在C封端β-SiC(111)表面上，第一层沉积碳原子的初始模型及优化后的构型如图 6-1 所示，沉积碳原子的平均结合能列于表 6-1 中。从表 6-1 可见，一个碳原子沉积在 β-SiC(111)表面的不同位置时，其平均结合能的大小排序为：顶位 < 孔穴位 < 中心位，因此，顶位堆垛是一个碳原子沉积在 C 封端 β-SiC(111)表面的最优吸附构型。

继续沉积第二层碳原子，在建立沉积第二层碳原子的初始模型时，应当在第一层沉积碳原子的最稳定构型上添加第二层碳原子。因此，在沉积了一层顶位堆垛碳原子的 C 封端 SiC(111)表面上，分别以洁净 SiC(111)表面的三种堆垛位置(中心位、孔穴位、顶位)，继续添加第二层碳原子，建立三种第二层沉积碳原子的初始模型，弛豫优化得到三种模型的最终原子构型(如图 6-4 所示)，并计算平均结合能(参见表 6-1)。比较三种不同的堆垛位置，第二层碳原子的平均结合能排序为：孔穴位 < 中心位 < 顶位。可见，第二层碳原子的最稳定吸附构型为孔穴位。

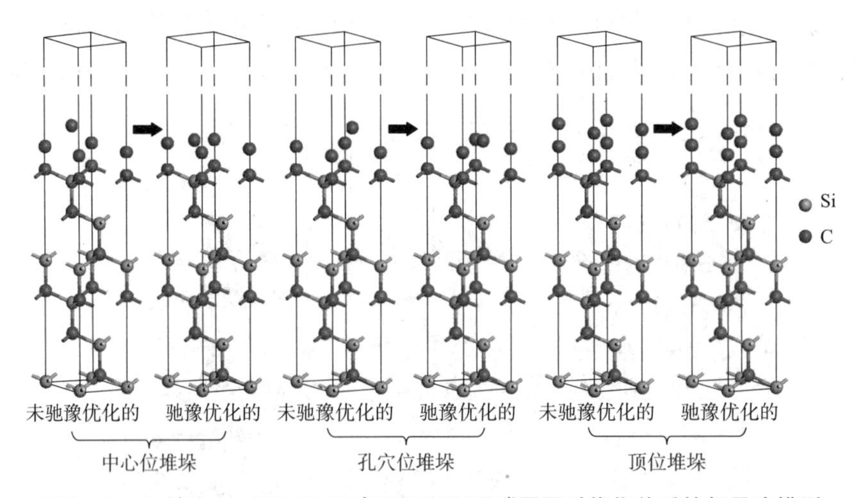

图 6-4　C 封端 β-SiC(111)表面沉积两层碳原子时优化前后的超晶胞模型

按照上述思路，继续考察第三层及后续碳原子的沉积构型。如表 6-1 所示，第三至六层沉积碳原子的最优沉积位置分别是孔穴位、中心位、中心位、顶位。据此，可以确定在 SiC(111)表面沉积了六层碳原子后的最优原子构型(如图 6-5 所示)。从图中可以观察到，六层沉积碳原子的稳态构型与金刚石(111)面上碳原子的排布规律完全相同，可以从理论上作如下推断：在沉积碳层与 SiC(111)的界面处，尤其是靠近 SiC(111)表面的若干层碳原子，其稳态原子构型很可能是金刚石堆垛次序，也可以说，在 SiC(111)表面上，碳原子的沉积倾向于有序化，可能形成类金刚石碳(Diamond - like Carbon，DLC)。这与以往的研究结果具有一致性。

表6-1　碳原子在C封端 β - SiC(111)表面沉积的平均结合能(E_b)

C原子层数	不同堆垛位置的结合能(E_b)/(eV/atom)		
	中心位	孔穴位	顶位
1	-4.222	-6.332	**-6.786**
2	-7.548	**-7.569**	-7.404
3	-7.180	**-7.311**	-6.948
4	**-7.777**	-7.609	-7.666
5	**-7.588**	-7.534	-7.179
6	-7.707	-7.747	**-7.821**

注：粗体字所表示的数据为相同C原子沉积层数时的最小值，其所对应的原子构型即最稳定结构，并用以进行下一层C原子的沉积。

为了考察两层碳原子之间的互作用是否影响沉积碳原子的稳态构型，并对上述结果进行验证，在C封端SiC(111)表面模拟了每次沉积两层碳原子。图6-5显示了C封端SiC(111)表面首次沉积两层碳原子优化前后的原子构型。为了便于表达，使用数字和字母组合的编号指代三种构型，其中，数字表示第几层碳原子，字母表示其沉积位置(C、H、T分别是中心位、孔穴位、顶位)，沉积碳原子的平均结合能列于表6-2中。由图6-5可见，在优化之后，首次沉积两层碳原子的构型发生了较大变化，在优化后的1C2C中，第一层碳原子从中心位变为顶位，变成了类似1T2C的构型。某些构型在优化后变成同一种构型，比如1C2H和1H2C、1C2T和1T2C、1H2T和1T2H，这一点也反映在表6-2中，对于上述优化后具有相同构型的模型，其平均结合能也是彼此相等的。在首次沉积两层碳原子的九种模型中，1T2H具有最负的E_b，因此，它是两层原子沉积后的最稳定构型。

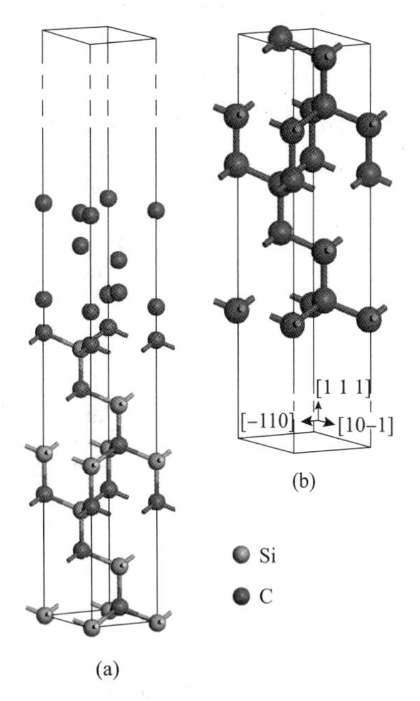

图6-5　(a)沉积有六层碳原子的 β - SiC(111)表面和(b)金刚石(111)表面的原子构型

表 6-2　在 C 封端 β-SiC(111) 表面每次沉积两层碳原子的平均结合能(E_b)

界面模型	E_b/(eV/atom)	界面模型	E_b/(eV/atom)	界面模型	E_b/(eV/atom)
1C2C	-7.751	1H2C	-7.203	1T2C	-7.751
1C2H	-7.203	1H2H	-5.677	**1T2H**	**-7.768**
1C2T	-7.751	1H2T	-7.768	1T2T	-7.602
3C4C	-6.619	**3H4C**	**-7.878**	3T4C	-7.395
3C4H	-7.878	3H4H	-7.715	3T4H	-7.771
3C4T	-7.392	3H4T	-7.771	3T4T	-6.587
5C6C	-7.775	5H6C	-7.804	5T6C	-7.888
5C6H	-7.804	5H6H	-7.039	5T6H	-7.587
5C6T	**-7.888**	5H6T	-7.589	5T6T	-7.056

注：粗体字所表示的数据为相同 C 原子沉积层数时的最小值，其所对应的原子构型即最稳定结构，并用以进行下一层 C 原子的沉积。

以 1T2H 构型为基础，继续沉积第三层、第四层和第五层、第六层碳原子，由表 6-2 的 E_b 值可知，3H4C 和 5C6T 分别为沉积了四层和六层碳原子的最稳定构型。最终，沉积了六层碳原子的最稳定构型是 5C6T，即各层沉积碳原子的构型为 1T2H3H4C5C6T(如图 6-6 所示)。可见，该构型中的沉积碳原子也具有类金刚石的堆垛次序，与每次沉积一层碳原子所得到的最稳定构型是一致的。

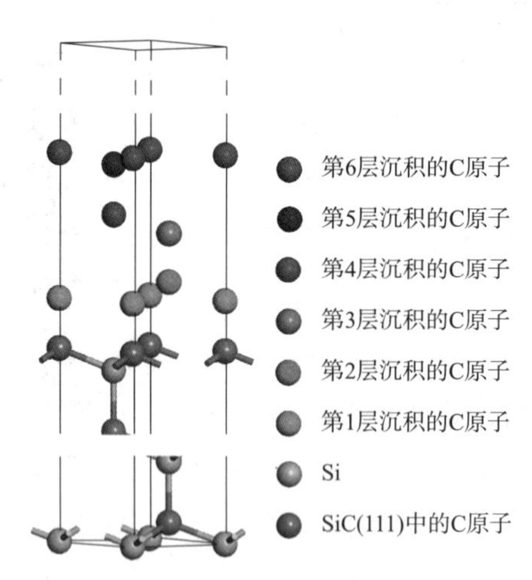

图 6-6　C 封端 β-SiC(111) 表面沉积三次(每次两层)碳原子后的最稳定原子构型(1T2H3H4C5C6T)

为了明确 SiC(111) 表面尺寸是否对沉积碳原子的最稳定构型具有影响，对碳原子在 C 封端 SiC(111)(2×2)表面上的吸附沉积过程也进行了对比模拟。每次沉积一层碳原子，共模拟了五层碳原子的沉积过程。表 6–3 所示为前四层沉积碳原子的平均结合能(E_b)。

表 6–3 碳原子在 C 封端 β–SiC(111)(2×2)表面沉积的平均结合能(E_b)

C 原子层数	不同堆垛位置的结合能(E_b)/(eV/atom)		
	中心位	孔穴位	顶位
1	–4.200	–5.521	**–6.756**
2	–7.538	**–7.557**	–7.390
3	–6.656	**–7.286**	–7.118
4	**–7.772**	–7.609	–7.667

注：粗体字所表示的数据为相同 C 原子沉积层数时的最小值，其所对应的原子构型即最稳定结构，并用以进行下一层 C 原子的沉积。

从表 6–3 可见，前四层沉积碳原子的最稳定构型仍然是 1T2H3H4C，这与上述结论是一致的。然而，在 SiC(111)(2×2)表面上，第五层碳原子沉积构型在优化后就出现碳原子的混乱排列，沉积碳原子产生无序化，不再按照金刚石的堆垛顺序排列了。可见，随着 SiC(111)表面尺寸增大，近表面处沉积碳原子的有序化倾向有所降低。但即便如此，这一部分的模拟计算工作仍然再次表明：在靠近 SiC(111)表面处，沉积碳原子在一定程度上存在着类金刚石有序化排列。

此外，对比表 6–1 和表 6–3 中第一层和后续各层沉积碳原子的平均结合能，可以观察到：第一层碳原子 E_b 绝对值明显小于后续各层碳原子的绝对值，而且在表 6–2 中也存在着类似趋势。第一层碳原子是吸附沉积在 SiC(111)表面上；而后续各层碳原子可看作是沉积在碳原子“膜层”上，可近似看作是碳原子的“凝聚”。根据上述计算结果，第一层碳原子沉积在 SiC(111)表面上所释放的“吸附热”小于后续各层碳原子沉积在碳原子“膜层”上的“凝聚热”。这一点可以从键能理论加以解释，一般认为，同类原子键的键长越短，则键能越大，参考石墨、金刚石中的 C—C 键长(1.42Å 和 1.54Å)和 β–SiC 中的 Si—C(1.89Å)键长，C—C 键能应比 C—Si 键能大，基于此，则不难理解，第一层碳原子吸附成键包含有一部分 C—Si 键的贡献，所释放的“吸附热”较小；而后续各层碳原子的沉积成键基本是 C—C 键，所释放的“凝聚热”较大。

6.3.2 碳原子在 Si 封端表面的稳态沉积构型

图6-7所示为 Si 封端 β-SiC(111)表面上，第一层沉积碳原子的初始模型及优化后的构型，沉积碳原子的平均结合能(E_b)标示于图6-7中。其中，中心位沉积碳原子的 E_b 值最负，因此，中心位是第一层碳原子在 Si 封端 β-SiC(111)表面上的最稳定沉积位置。

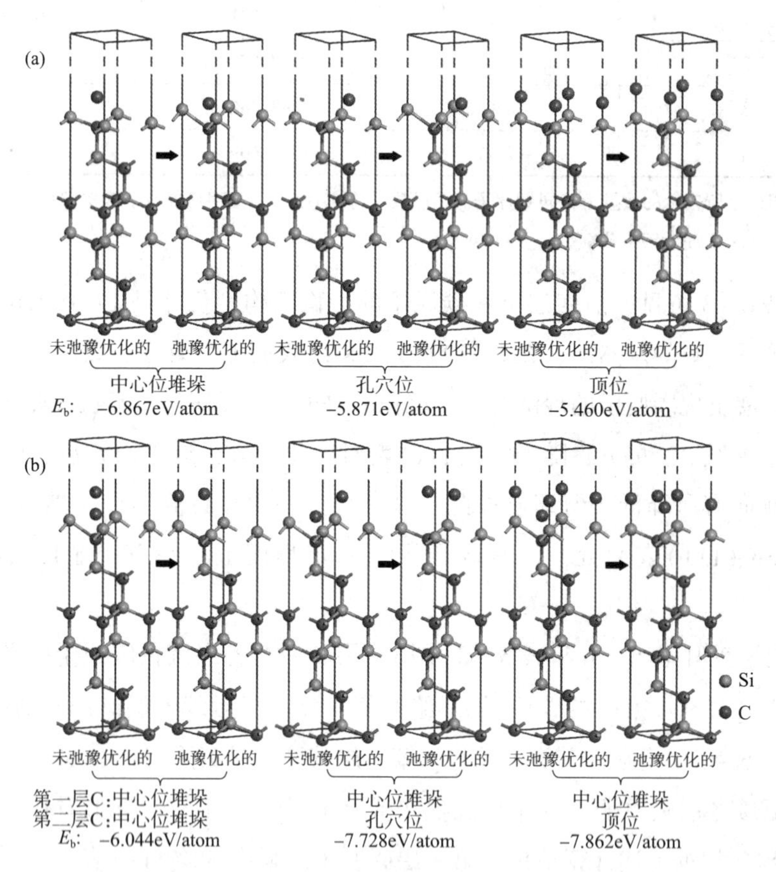

图6-7　Si 封端 β-SiC(111)表面沉积一层(a)和两层(b)碳原子时优化前后的超晶胞模型

以第一层碳原子在 Si 封端 β-SiC(111)表面中心位沉积构型为基础，构建第二层碳原子沉积的三种初始构型，并进行弛豫优化(如图6-7所示，E_b 值亦标示于图中)。由图6-7可见，在充分弛豫优化后，两层碳原子的沉积构型均发生了较大变化，对于中心位(1C2C)构型，优化后第一层碳原子从中心位变为近似于顶位，变成了类似1T2C的构型。而在优化后的孔穴位(1C2H)和顶位(1C2T)

构型中，第一层和第二层原子在垂直于 SiC(111)表面的方向上互换了位置，分别变成了1H2C 和1T2C 构型。而且，顶位(1C2T)构型优化后变成1T2C，在这三种模型中的平均结合能更负，即在热力学上较稳定。

据此可知，在 Si 封端 SiC(111)表面上，第一层碳原子的稳定构型可能受到第二层碳原子的影响。鉴于此，对第二层碳原子的沉积构型进行了全面考察：分别在第一层碳原子中心位、孔穴位、顶位优化构型的基础上，构建第二层碳原子的三种初始构型，总共考察了九种不同的吸附构型。其中第一层均为中心位，第二层分别为中心位、孔穴位和顶位的三种构型已经在上述模拟中计算过了[如图6-7(b)所示]，需要进一步补充计算的有图6-8所示的六种模型。

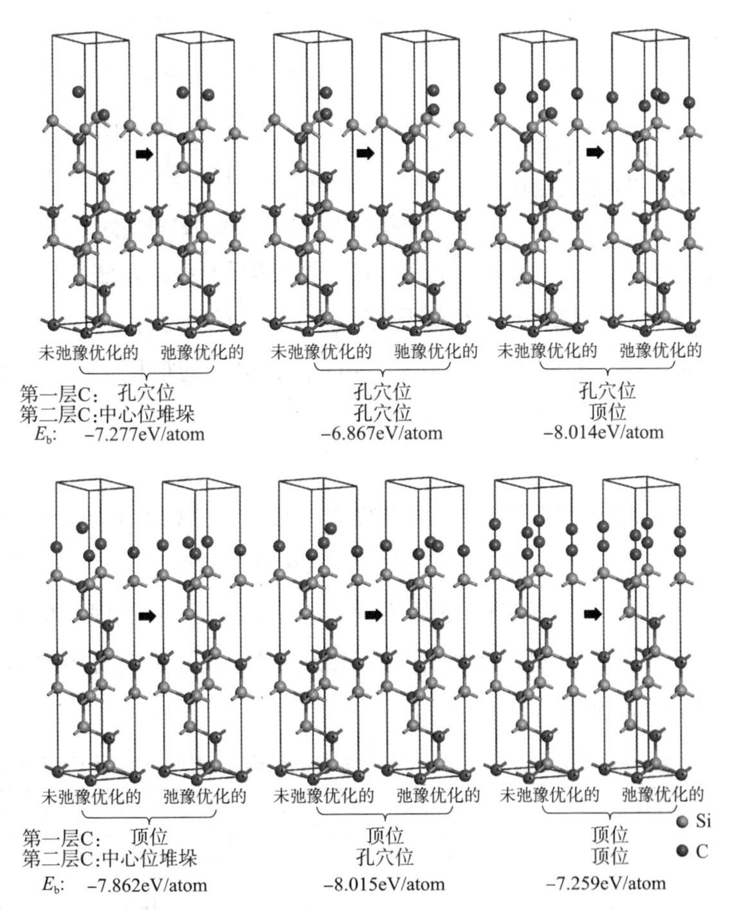

图6-8 Si 封端β-SiC(111)表面沉积两层碳原子时优化前后的超晶胞模型

结合图6-7和图6-8可见，第一层碳原子为顶位，第二层碳原子为孔穴位的构型(1T2H)的 E_b 值最负，因此是最稳定构型。而且，第一层碳原子为孔穴位，第二层碳原子为顶位的构型(1H2T)优化后两层原子也交换堆垛顺序，变化为第一层为顶位，第二层为孔穴位。且1H2T与1T2H的 E_b 值基本相等。

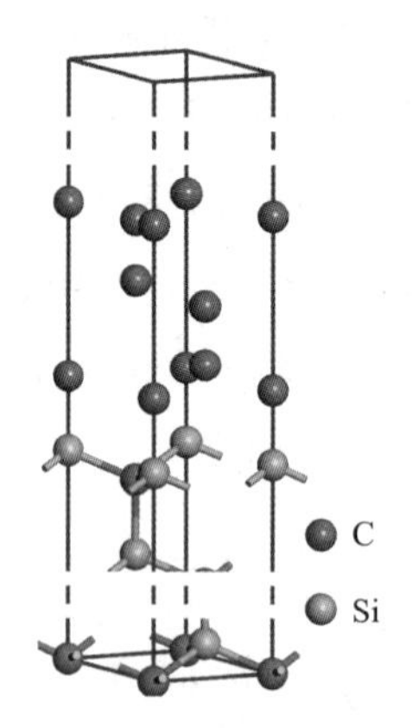

图6－9　Si封端 *β*－SiC(111)表面上六层沉积碳原子优化后的构型

据此可知，两层原子沉积后的最稳定构型应为：第一层和第二层碳原子分别占据顶位和孔穴位(1T2H)。以此为基础，每次添加一层原子，继续构建后续各层碳原子的初始沉积构型，优化弛豫后计算平均结合能。以此类推直至第六层，得到其第一层至第六层碳原子的最稳定沉积构型是1T2H3H4C5C6T，如图6－9所示。与金刚石(111)表面碳原子的堆垛次序[如图6－5(b)所示]相比较可见，在Si封端SiC(111)表面上六层沉积碳原子的最稳定构型也具有类金刚石的排列顺序。

为验证上述结果，再次采用每次沉积两层碳原子的方法，对Si封端SiC(111)表面的碳原子沉积进行了模拟计算。表6－4所示为每次沉积两层碳原子时的平均结合能(E_b)。可见，沉积到第六层时，碳原子的最稳定原子构型是5C6T(即1T2H3H4C5C6T)。这与上述每次沉积一层原子所得到的最稳定构型是一致的。

综合上述计算结果，需要着重说明的是：无论是在C封端还是Si封端的SiC(111)表面上，六层沉积碳原子的稳态构型[如图6－5(a)、图6－6和图6－9所示]仍然保持了SiC(111)的原子堆垛方式[亦与金刚石(111)面上的堆垛方式相同]。因此，在靠近SiC(111)表面处的沉积碳原子，可以看作是在该表面上，保持SiC堆垛次序的碳原子的“外延生长”。

表6－4　在Si封端 β－SiC(111)表面上每次沉积两层碳原子的平均结合能(E_b)

界面模型	E_b/(eV/atom)	界面模型	E_b/(eV/atom)	界面模型	E_b/(eV/atom)
1C2C	－6.044	1H2C	－7.277	1T2C	－7.862
1C2H	－7.278	1H2H	－6.867	**1T2H**	**－8.015**
1C2T	－7.862	1H2T	－8.014	1T2T	－7.259
3C4C	－6.592	**3H4C**	**－7.776**	3T4C	－7.494

续表

界面模型	E_b/(eV/atom)	界面模型	E_b/(eV/atom)	界面模型	E_b/(eV/atom)
3C4H	-7.776	3H4H	-7.577	3T4H	-7.730
3C4T	-7.500	3H4T	-7.676	3T4T	-7.040
5C6C	-7.701	5H6C	-7.743	5T6C	-7.824
5C6H	-7.743	5H6H	-6.974	5T6H	-7.520
5C6T	**-7.824**	5H6T	-7.520	5T6T	-6.990

注：粗体字所表示的数据为相同C原子沉积层数时的最小值，其所对应的原子构型即最稳定结构，并用以进行下一层C原子的沉积。

6.3.3 碳原子沉积层的电子结构

为进一步考察SiC(111)表面沉积碳原子的电荷互作用，分别对C封端和Si封端SiC(111)表面上沉积了六层碳原子的稳态原子构型，分析了沿超晶胞(110)平面的价电荷密度和电荷密度差分，如图6－10所示。

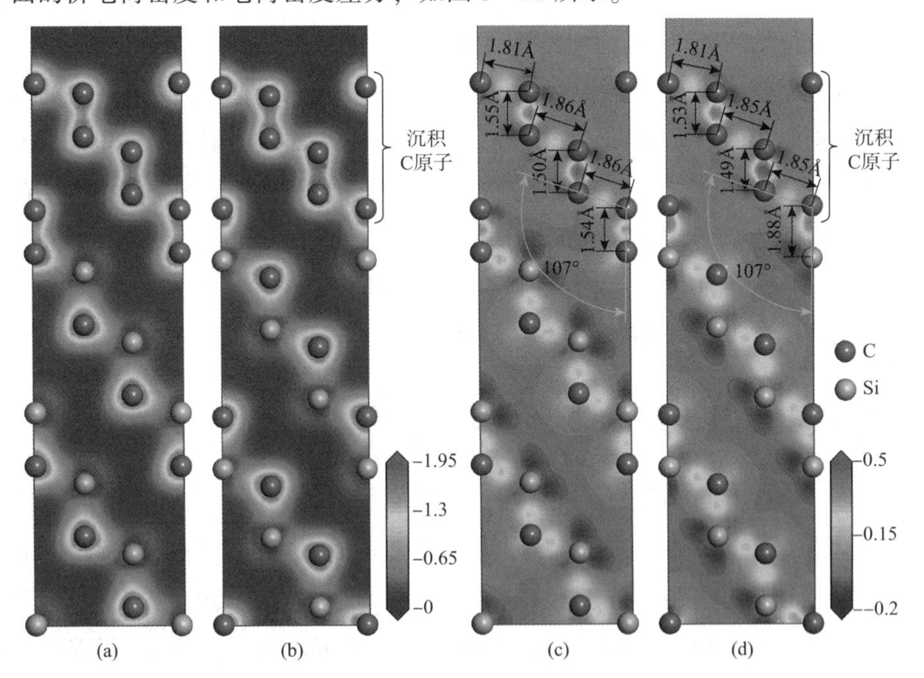

图6－10 C封端(a，c)和Si封端(b，d)β－SiC(111)表面上六层沉积碳原子稳态构型沿(110)面上的价电子结构
[(a，b)电荷密度分布；(c，d)电荷密度差分分布(单位：electrons/Å^3)]

由图可见，在 SiC(111) 表面的沉积碳层中，顶位分布 C—C 原子对之间的电荷聚集较明显，共价键主要存在于顶位分布 C—C 原子对的轴线上。而孔穴位分布 C—C 原子对之间的电荷集聚较弱，其共价键较弱。对比 SiC 中的碳原子，与近邻四个硅原子的成键是等强度的。可见，虽然沉积碳原子仍保持 SiC(或金刚石)的原子堆垛次序，但沉积碳原子与其近邻四个碳原子的成键强度并不相等，在垂直于 SiC(111) 表面的方向，亦即顶位分布 C—C 原子对的轴线方向，成键较强。这与 SiC 中碳原子的成键区别很大。

为了探讨其原因，对沉积碳层稳态构型的原子间距进行了分析。图 6－4(c，d)中标注了沉积层中碳原子间距，其中，顶位分布的 C—C 原子间距为 1.50～1.55Å，这与金刚石中的 C—C 原子间距(1.544Å)是接近的。而孔穴位分布的 C—C 原子间距为 1.81～1.86Å，非常接近于 SiC 中 C—Si 原子间距(1.887Å)。可见，顶位分布 C—C 原子对的成键类似于金刚石，键能较强；而 SiC 的晶格常数(4.358Å)约比金刚石的晶格常数(3.567Å)大 22%，因此，当碳原子沉积在 SiC(111) 表面形成类金刚石碳层后，其中的孔穴位 C—C 原子间距被“拉长”，从而也使得孔穴位 C—C 原子对之间的共价键相对较弱。

此外，需要强调的是，对于 C 封端和 Si 封端 SiC(111) 表面，第一层沉积碳原子与表面原子的平衡间距也是不同的。在 C 封端表面上，第一层沉积碳原子的距离为 1.54Å；而在 Si 封端表面上，第一层沉积碳原子的距离为 1.88Å；二者分别与金刚石中的 C—C 键长和 SiC 中的 Si—C 键长近似。而且，由图 6－10 可见，C 封端 SiC(111) 表面与第一层沉积碳原子的电荷作用较强，而 Si 封端 SiC(111) 表面与第一层沉积碳原子的电荷作用较弱。

6.3.4 碳原子无序沉积形成非晶碳层

从热力学基本原理出发，对于同一层碳原子的三种沉积位置，平均结合能 E_b 最低者是最稳定构型，次低者为次稳定构型，将二者的平均结合能分别记作 $E_{b,1}$ 和 $E_{b,2}$，考察二者的差值 $\Delta E_b = |E_{b,1} - E_{b,2}|$，若 ΔE_b 越大，则最稳定构型的“优先度”越大。据此，参照表 6－1 至表 6－4 所列数据，除了第一层碳原子的 ΔE_b 稍大外，后续各原子层的 ΔE_b 大多在 0.1eV/atom 以内。这说明，从第二层到第六层虽然都存在最优构型，但这些最优构型的“优先度”非常有限。考虑到在实际沉积时，外界因素经常会对碳原子的吸附沉积产生扰动和影响，因此，该

最优构型很有可能因受到干扰不会出现，而代之以次优构型(甚至是不稳定构型)，从而使碳原子的沉积出现无序化排列，最终得到非晶碳层。

在C封端SiC(111)表面上，模拟第七层沉积碳原子的最优构型时，这一点得到证实。图6-11给出了C封端SiC(111)表面上七层吸附原子的初始构型，

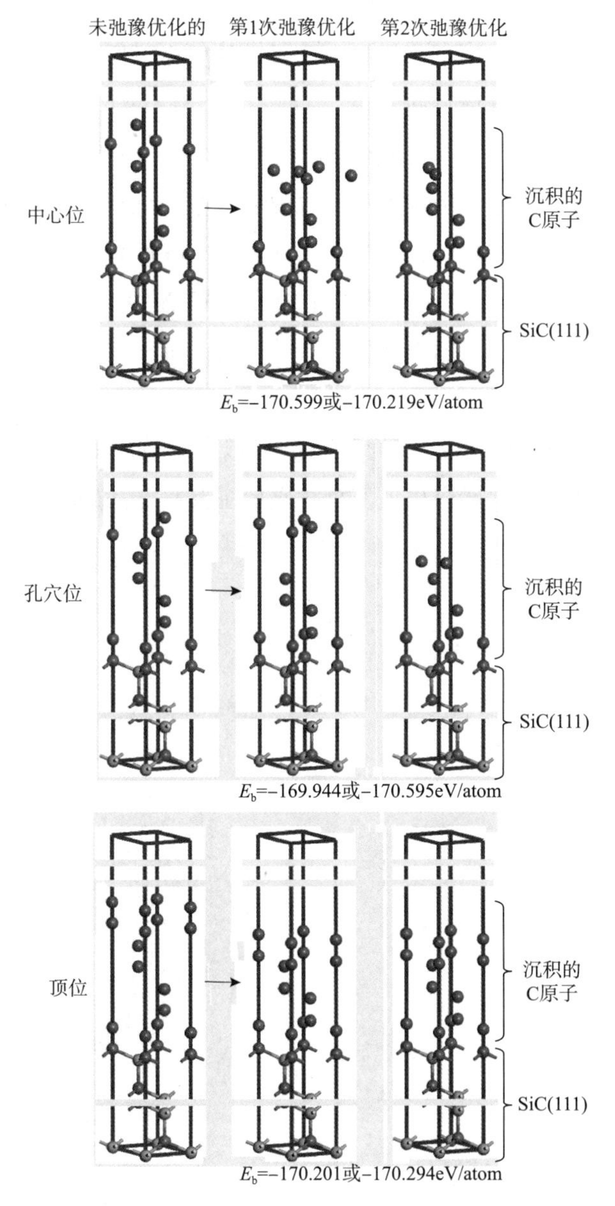

图6-11 七层碳原子沉积在C封端β-SiC(111)表面上的初始模型和两次优化后的构型

对其分别进行了两次优化，对于中心位和孔穴模型，在两次优化后所得到的最终构型并不相同。此外，图中也分别给出了各最终构型所对应的平均结合能 E_b，可以看到，两次优化后的“最稳定构型”并不相同，分别是中心位和孔穴位堆垛构型。而依照金刚石的堆垛次序，第七层碳原子的稳定构型本应是洁净 SiC(111)表面的顶位构型。但根据两次优化所得的平均结合能，顶位模型均为次稳定构型。可见，当碳原子层沉积到第七层时，就失去了原先依循的金刚石堆垛方式，代之以随机无序的堆垛方式。

而且，上文中也提到，在 C 封端 SiC(111)(2×2)表面上逐层沉积碳原子至第五层时，也出现了无序紊乱排列。这也说明碳原子沉积达到一定厚度时，易于发生无序化，形成非晶碳层。在 SiC(111)(1×1)表面上，沉积至第七层碳原子时才出现混乱排列，而在(2×2)表面上沉积至第五层就出现紊乱排列，可见，在第一性原理模拟计算中，随着表面尺寸的增大，沉积碳原子的有序化倾向有所下降。

综上所述，当在 SiC(111)表面碳原子沉积形成较厚的碳层时，其结构将主要是非晶碳，以往的实验研究也证实沉积碳层主要是非晶碳。

第7章　DLC/β-SiC(111)界面的第一性原理研究

7.1　简述

在SiC纤维表面预制碳涂层能够有效减少表面缺陷，有利于改善SiC纤维的性能，而且碳涂层也能够改善SiC纤维增强复合材料的界面力学性能。可以说，预制碳涂层是SiC纤维一种最常见的表面改性方法。

此外，将连续SiC纤维与SiC基体制备成复合材料（SiC_f/SiC），也能够改善SiC材料的断裂韧性，有望用于燃气轮机、航天器和核聚变反应器等。研究表明，在SiC纤维与SiC基体的界面上，会生成一定厚度的中间相，主要是碳层。因此，在SiC_f/SiC复合材料中也存在C/SiC界面体系。

另外，连续纤维增强陶瓷基复合材料也是复合材料的一个研究热点。相比于C/C复合材料，碳纤维增强SiC陶瓷基复合材料（C_f/SiC）具有更低的孔隙度（小于5%）、适中的密度（约2g/cm^3）、较低的环境和氧化敏感性等许多优点，因此，许多科研工作者开展了C_f/SiC复合材料的研究。Appiah等人根据C_f/SiC的实验结果提出：在热解碳的CVI或CVD过程中，在C/SiC界面处有可能形成碳的有序相，例如，可能形成类金刚石碳（diamond-like carbon，DLC）。DLC可以看作是一类非晶碳（morphous carbon，a-C）或sp^3键占多数的四面体非晶碳（tetrahedral amorphous carbon，ta-C）。相比于碳原子完全无序排列的混乱状态，DLC具有较高的有序性。Yan等人采用Raman光谱对C_f/SiC基复合材料的界面中间相进行了分析，重点对比考察了碳纤维中的碳，以及界面处形成的中间相碳层，结果显示：对于靠近SiC基体侧的中间相碳层，其有序度比碳纤维内部碳原子的有序度高。可见，在靠近SiC表面处的碳，更倾向于有序排列。

综上所述，有必要使用第一性原理方法，对 DLC/SiC 界面进行深入研究，从原子(或电子)尺度明确该界面的原子构型、界面结合强度和成键本质。

7.2 研究过程细节

本节所有计算均使用 CASTEP 软件，所用泛函为 GGA - PBE，截断能、***k*** - points 和其他计算参数的收敛性测试和选定与前面章节相同。

7.2.1 建模依据

根据第 6 章中碳原子沉积在 SiC(111)表面的第一性原理计算结果，在靠近 SiC(111)表面的六层沉积碳原子中，最稳定沉积构型与金刚石的原子排列方式相同，且第一层碳原子倾向于以顶位堆垛于 SiC(111)表面上；在平衡构型中，第一层碳原子与 C 封端、Si 封端 SiC(111)表面的平衡距离为 1.54Å 和 1.88Å。虽然在第七层碳原子沉积后，这种原子排列规则的优先性已经不再存在，代之以无规则的排列状态，从而形成非晶碳。但在一定程度上，对类金刚石碳(DLC)与 SiC(111)的界面进行第一性原理计算，可以得到沉积碳层与 SiC(111)界面的一些近似信息，仍然具有一定的理论参考意义。根据上述结果，分别建立 DLC 与 C 封端、Si 封端 β - SiC(111)之间的界面模型。

7.2.2 β - SiC(111)和 DLC(111)表面建模

根据图 5 - 2，当 SiC(111)表面只有一个悬空键时(Si1 和 C1 表面)，具有较低的表面能，在热力学上更为稳定。且依据第 3 章和第 5 章的收敛性测试，含有 12 层原子的 SiC(111)表面模型是足够厚的，能够保证计算结果的准确性。因此，分别建立含有 12 层原子的 C 封端和 Si 封端的 SiC(111)表面。

根据以往有关类金刚石碳表面的第一性原理计算，含有十层原子的类金刚石(111)表面板块模型已经足够精确。本节采用密度为 $2g/cm^3$ 的类金刚石碳建立(111)表面[后文记作 DLC(111)]。

7.2.3 DLC/β - SiC(111)界面建模

分别在含有十二层原子的 C 封端和 Si 封端 SiC(111)表面上，以顶位方式堆垛含有十层原子的 DLC(111)板块，构建 C 封端和 Si 封端的 DLC/β－SiC(111)界面模型，初始界面间距分别设为 1.54Å 和 1.88Å(如图 7－1 所示)。在两自由表面之间加入 10Å 真空层，建立 DLC/SiC(111)界面的超晶胞模型。在界面超晶胞模型中，固定 SiC(111)表面下侧七层原子的分数坐标，而 SiC(111)板块中近界面处的五层原子，以及 DLC(111)板块中的碳原子均可以自由弛豫。分别对 C 封端和 Si 封端 DLC/β－SiC(111)界面模型充分优化后，考察其平衡原子构型、界面黏附功和界面电子结构。

7.3 结果和讨论

7.3.1 平衡原子构型与界面黏附功

图 7－1 所示为 C 封端和 Si 封端 DLC/β－SiC(111)界面优化前后的原子构型。从图中可见，完全优化后，DLC 碳层仍然具有类金刚石的堆垛次序。C 封端

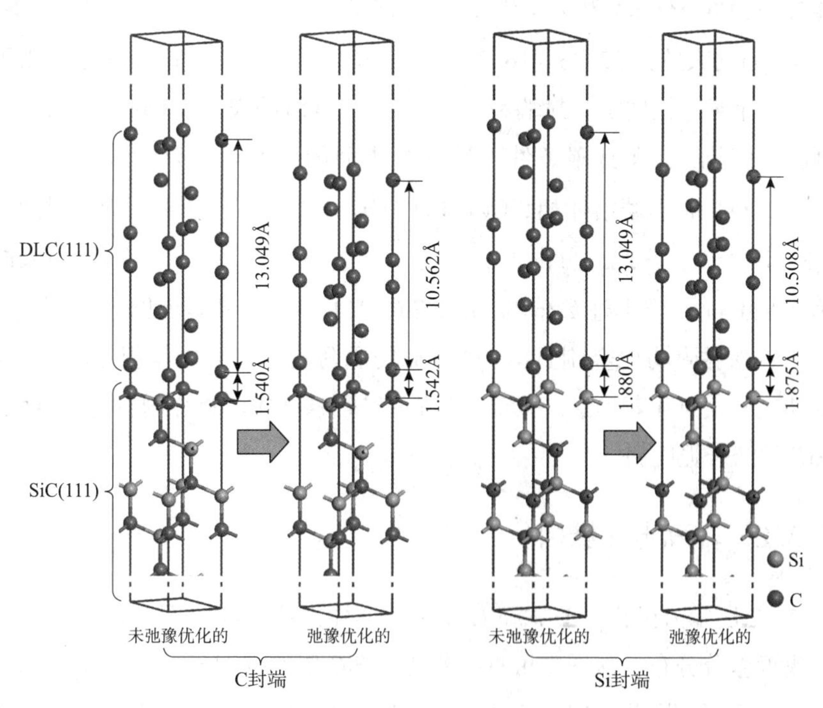

图 7－1 DLC(111)/β－SiC(111)界面的初始和优化后原子构型

和 Si 封端 DLC/β - SiC(111)界面间距在优化前后的变化仅为 0.13% 和 0.27%，这说明根据碳沉积稳定构型所确定的初始界面间距(1.54Å 和 1.88Å)是合理的。此外，DLC(111)板块在垂直于界面方向的弛豫更为明显，从初始厚度 13.094Å 分别减小到 10.562Å 和 10.508Å，DLC 碳层的密度相应地增加到约 2.50g/cm^3。

根据式(3 - 2)，计算优化后 DLC/SiC(111)界面模型的黏附功(W_{ad})，C 封端和 Si 封端界面的黏附功分别为 $W_{ad,C-terminated}=8.86\text{J/m}^2$，$W_{ad,Si-terminated}=8.64\text{J/m}^2$。可见，C 封端界面的结合强度较高。这与第 6 章中的图 6 - 10 是一致的：第一层沉积碳原子与 C 封端 SiC(111)的电子互作用更强一些。

此外，Qi 等人采用第一性原理方法计算了 DLC/Al(111)界面的黏附功，其最大值在 4J/m^2 左右。与之相比，DLC/SiC(111)界面的黏附功是其两倍以上。可见，DLC 碳原子与 SiC(111)表面的结合强度远大于 DLC 与金属 Al 在(111)界面上的结合强度。

Stekolnikov 等人采用第一性原理计算得到金刚石(111)面优化和未优化时的表面能分别为 6.43J/m^2 和 8.12J/m^2。根据 $W_{ad}=2\gamma_s$，可以估算得到金刚石沿(111)的黏附功大致为 12.86 ~ 16.24J/m^2。另外，在第 5 章图 5 - 2 中给出了表面原子仅有一个悬空键时，C 封端和 Si 封端 SiC(111)的表面能(即图 5 - 2 中 C1 和 Si1 表面的表面能)，在富碳条件下这两个表面的表面能分别为 $\gamma_{s,C1}=5.44\text{J/m}^2$ 和 $\gamma_{s,Si1}=2.44\text{J/m}^2$。若沿体相 SiC(111)的 C1 - Si1 面之间切断，则同时形成互补的 C1 和 Si1 表面，因此，可由 $W_{ad}=\gamma_{s,C1}+\gamma_{s,Si}$ 计算得到体相 SiC(111)表面的黏附功为 7.88J/m^2。将上述数值与 DLC/SiC(111)界面黏附功比较，可知：DLC/SiC(111)界面黏附功比金刚石沿(111)面的黏附功小，但比体相 SiC 沿(111)面的黏附功大。这意味着 DLC/SiC(111)界面结合强度比体相金刚石的结合强度小，但比 SiC 的结合强度高。

7.3.2 界面电子结构

图 7 - 2 所示为优化后 DLC/SiC(111)界面构型沿(110)面的价电荷密度分布和电荷密度差分分布。从图中可见，相比于 SiC 中的碳原子，DLC 中碳原子的电荷相互作用更强。因此，DLC 中碳原子之间的共价键，尤其是顶位 C—C 原子对之间的共价键，要比 SiC 中的 Si—C 共价键更强。

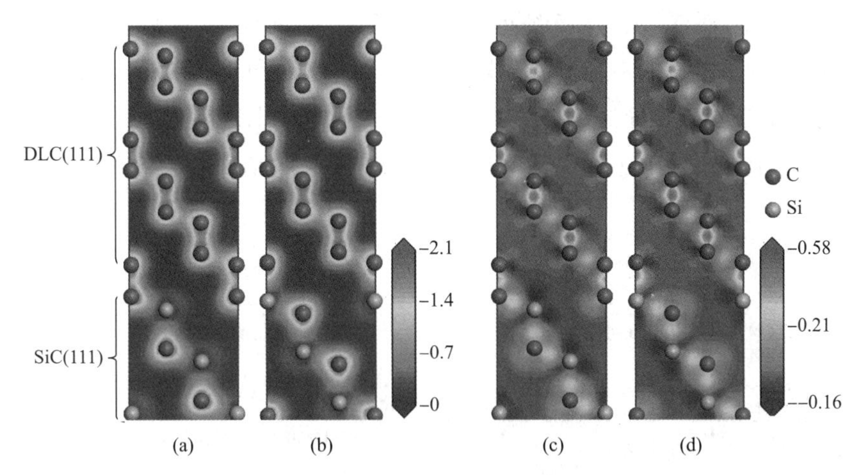

图7-2 C封端(a, c)和Si封端(b, d)DLC(111)/β-SiC(111)界面构型(110)面上的价电子结构

[(a, b)电荷密度分布;(c, d)电荷密度差分分布(单位:electrons/$Å^3$)]

其次,相比于DLC(111)中的顶位C—C原子对,界面上顶位C—C(或C—Si)原子对的电荷作用和成键强度稍弱,但比SiC中的C—Si原子对更强。这在一定程度上解释了上述结论:DLC/SiC(111)界面处的黏附功比体相SiC沿(111)面的黏附功更大,而比体相金刚石沿(111)面的黏附功小。

此外,比较两种不同封端界面的电荷密度和电荷密度差分,可以观察到:C封端界面处C—C原子对[图7-2(a, c)]的电荷作用更加强烈,而Si封端界面处C—Si原子对[图7-2(b, d)]的电荷作用相对较弱。这也再次印证了C封端界面的结合强度更高,且与上述结果中C封端界面具有更大黏附功是一致的。

7.3.3 界面成键分析

C封端DLC/β-SiC(111)界面具有更大的黏附功,电子结构分析也表明该构型具有更强的界面成键。为了进一步考察C封端DLC/SiC(111)界面处的成键本质,计算并分析了分波态密度(PDOS)(如图7-3所示)。对于DLC(111)一侧碳原子的PDOS曲线,由上至下依次为第五层至第一层原子,可见从-11~-8eV能级范围内,相邻两层碳原子之间,一个碳原子的s轨道和另一个碳原子的p轨道之间发生强烈交互,表明存在较强的$s-p$共价键(如sp^3、sp^2),因此在C-C

原子对之间很可能存在有较强的 σ 键。从 -7.5eV 到 Fermi 能级较宽的范围内，相邻两层碳原子之间主要是 p 轨道电子的相互作用，可见也存在有 π 键作用。此外，在 Fermi 能级以上导带一侧，存在有较高的价电子态密度[约 0.5states/(eV · atom)]，且主要由 p 电子构成，可见 DLC 中的碳原子应该存在有较强的"π * 反键态"。

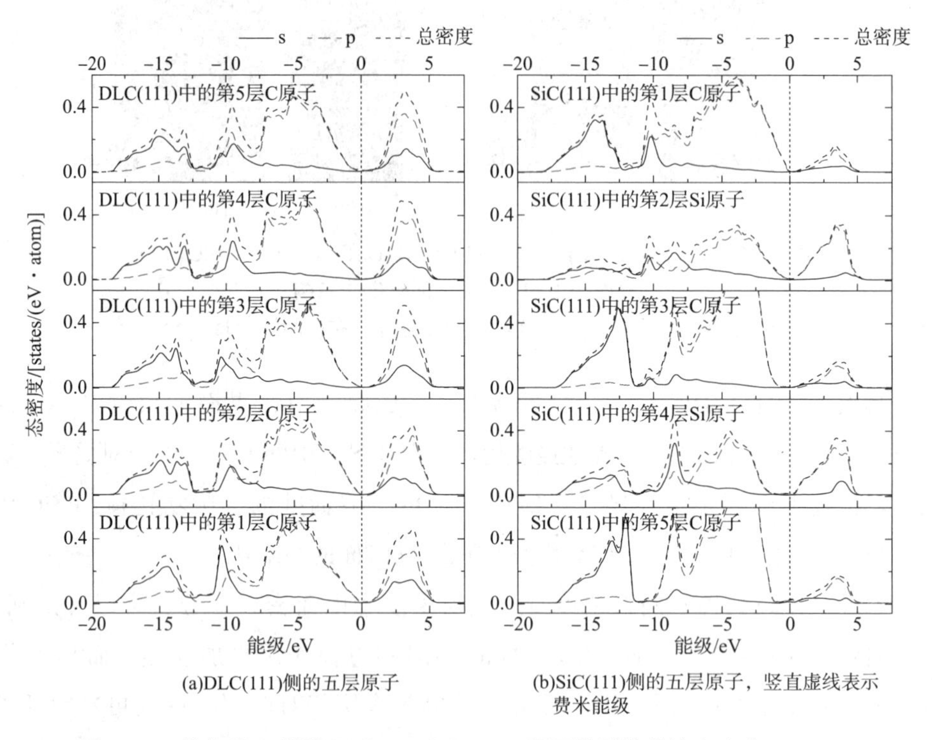

(a)DLC(111)侧的五层原子

(b)SiC(111)侧的五层原子，竖直虚线表示费米能级

图 7-3　优化后 C 封端 DLC/β-SiC(111)界面模型的分波态密度(PDOS)

而在 SiC(111)一侧的 PDOS 曲线中，由上至下依次为第一层至第五层原子，其中靠近界面处的第一层 C 原子和第二层 Si 原子的 PDOS 曲线与后面第三层至第五层原子的 PDOS 曲线存在少许不同。分别说明如下：对于第一层 C 原子和第二层 Si 原子，从 -11 ~ -7.5eV 能级范围内，第一层 C 原子与第二层 Si 原子的电子，尤其是 C 原子的 p 轨道与 Si 原子的 s 轨道之间，存在较强的交互作用，可以认为该 C—Si 原子对之间存在有类 σ 键。从 -7.5eV 到 Fermi 能级范围内，主要是在第一层 C 原子与第二层 Si 原子的 p 电子轨道之间存在较强的相互作用，这些都与 DLC 一侧的 C—C 原子对的电子作用是类似的。然而，对于 SiC(111)中的第三层 C 原子至第五层 C 原子而言，仅在较窄的能级范围内(从

-9.7 ~ -8eV)，相邻两层原子之间存在有 C-p 轨道与 Si-s 轨道的相互作用，同时，相邻两层原子之间的 p 轨道电子互作用所对应的能级范围也缩小到了 -7.5 ~ -1.5eV 之间，但二者 p 轨道交叠处 C 原子的电子态密度峰值从大约 0.5states/(eV · atom)升高到 0.8states/(eV · atom)左右，可见 C—Si 原子对在该能级范围内 p 轨道的交叠对电子的束缚作用(或局域化作用)更强。此外，在 SiC(111)中的第一层、第三层、第五层 C 原子的 PDOS 曲线中，Fermi 能级以上主要由 p 轨道形成的 DOS 曲线峰较矮，其"π*反键"特征较弱。

综上所述，DLC(111)和 SiC(111)中碳原子的态密度都显示出在较低能级处的 $s-p$ 电子互作用，在较浅能级处的 p 轨道交叠作用，以及 Fermi 能级以上一定程度的"π*反键"特征。此外，更主要的是存在一些细节信息，例如：SiC(111)表面处第一层、第二层 C-Si 原子的成键能级范围与 DLC(111)中的碳原子非常相似，并且相比于 SiC(111)的第三至五层原子的电子态密度，尤其是较深能级处的 $s-p$ 电子交互作用，其能级范围较宽。可见，DLC(111)中的 C 原子和 SiC(111)中的第一层 C 原子均具有更强的 $s-p$ 电子互作用，有可能形成更强的类 σ 键。由于碳原子的 σ 键比 π 键要强得多，且图 7-8 中显示形成 σ 键的电子是能级较低处的价电子，因此，σ 键对 C 原子的成键强度贡献更大。考虑到这一点，DLC(111)中心处 C 原子的 $s-p$ 电子成键最强，界面处 DLC 和 SiC 第一层 C 原子之间的 $s-p$ 电子成键较弱，而 SiC(111)内部的 $s-p$ 电子成键最弱。因此，也就不难理解上述黏附功和电荷密度分析的结果了，即 DLC/SiC(111)界面处的黏附功(W_{ad})小于体相金刚石(或 DLC)内部的 W_{ad}，而比体相 SiC 内部的 W_{ad}要大；电荷密度的分布也存在类似规律。

图 7-4 为 Si 封端 DLC/SiC(111)界面的分波态密度(PDOS)，对比图 7-3 与图 7-4，最主要的区别有两点。首先，在 Si 封端界面(图 7-4)DLC 一侧碳原子的 PDOS 曲线中，在 -12.7 ~ -10eV 范围内，出现了一个新的峰值，该峰值出现在第一层碳原子的 s 轨道，第二层碳原子的 p 轨道，随原子层数增加而依次相互交替，并且峰高急剧降低。在相同能级范围内，Si 封端 SiC(111)表面第一至三层原子也出现了类似的峰，并且峰值出现在第一层硅原子的 p 轨道，第二层碳原子的 s 轨道，也随着原子层数增加依次交替。可见，对于 Si 封端界面，在 -12.7 ~ -10eV 能级上，存在 C—C(或 C—Si)原子对 s 和 p 轨道之间的杂化成键。

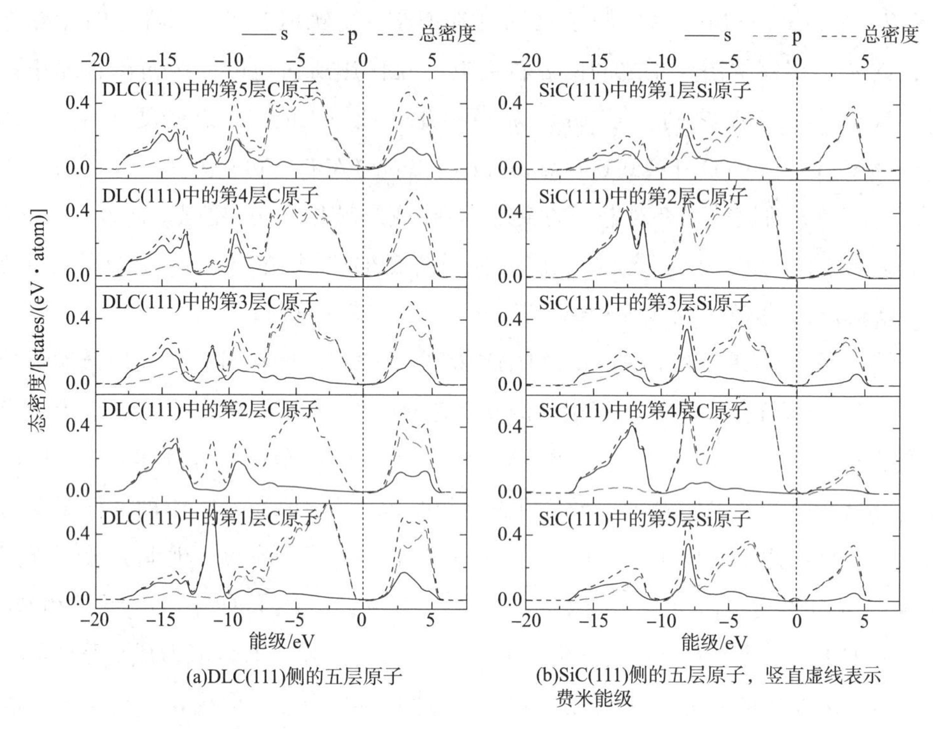

图 7－4　优化后 Si 封端 DLC/β－SiC(111)界面模型的分波态密度(PDOS)

其次，对比图 7－3 和图 7－4 中 DLC 第一层碳原子的 PDOS 曲线，可以看到：C 封端界面中(图 7－3)，DLC 第一层碳原子在－10.4eV 附近存在 s 轨道峰值，在－9.7eV 附近存在 p 轨道峰值；而在 Si 封端界面中(图 7－4)，类似的峰分别位于－11.4eV 和－9.1eV 附近，且 s 轨道峰值高度大大加强，而 p 轨道峰值有所降低。可见，在 Si 封端界面上，对于 DLC 第一层碳原子 s 电子的束缚能力较强，并且向低能级移动；但对 p 电子的束缚能力相对较弱。此外，从－7.5eV 至费米能级范围内，两种封端界面中的 DLC 第一层碳原子均存在一个较宽的 p 轨道峰，其中，C 封端界面中的最高点对应于－4.6eV 附近，峰值大致为 0.49electrons/(eV · atom)；而 Si 封端界面中的最高点对应于在－2.6eV 附近，且峰值升高到 0.59electrons/(eV · atom)左右。这也说明：相比于 C 封端界面，在 Si 封端界面中，第一层 DLC 碳原子位于较浅能级 p 电子的局域化程度相对较弱，即该电子的成键作用较弱。综上可知，相比于 C 封端界面成键，Si 封端界面处能够形成较强的 σ 键，但 π 键大大减弱。这在一定程度上解释了上述有关结论：即 C 封端界面具有较大黏附功，且 C 封端界面电荷作用较强。

第 8 章　DLC/TiC(111)界面的第一性原理研究

8.1　简述

为改善连续 SiC 纤维的性能，常常采用气相沉积方法在纤维表面预制一定厚度的碳涂层。而在 SiC_f/Ti 基复合材料的高温制备和服役过程中，纤维－基体界面上会生成一定厚度的反应层。如果使用预制有碳涂层的 SiC 纤维，在碳涂层没有消耗完之前，碳涂层与 Ti 基体之间只有 TiC_x 中间相；如果使用没有碳涂层的 SiC 纤维，界面反应产物通常是 Ti_3SiC_2、$Ti_5Si_3C_x$、TiC_x、Ti_3Si 等。其中 TiC_x 表示碳化钛中的 Ti 原子与 C 原子数并不完全符合化学配比关系，这一点可以解释为：当碳化钛按照与 NaCl 相同的晶体结构结晶时，可能会在碳原子处形成相当多(可达 50%)的空位，因此，碳化钛有可能是不符合化学配比的。尽管如此，通常仍采用 TiC 化学式来表示碳化钛，本章亦采用此习惯表达方法。

对于无碳涂层 SiC 纤维增强 Ti 基复合材料，在纤维－基体界面发生反应生成 TiC 后，就形成了 SiC/TiC 界面。又根据第 5 章的研究结果，在 SiC/TiC(111)界面处很有可能会形成碳层，这与以往的实验研究结果也是一致的，例如：使用高分辨率透射电子显微镜(HRTEM)，Kimura 等人证实了在 α－SiC$(000\bar{1})$/TiC(111)界面上存在石墨烯层，且认为该石墨烯层的碳原子来自 TiC 和 SiC 的分解。综上所述，对于 SiC_f/Ti 基复合材料，无论所用 SiC 纤维是否预制有碳涂层，在纤维与基体界面处均可能形成碳与 TiC 的界面。

此外，为改善物质的耐磨性，一些研究者采用磁控溅射方法在基底表面制备了纳米 TiC－C 复合材料涂层，涂层的微观结构是非晶碳基体内分布着纳米 TiC 颗粒。Yu 等人使用碳热还原法制备了有序介孔 TiC/C 纳米复合材料，Vo-evodin 等人将石墨的激光烧蚀与钛的磁控溅射相结合，制备了 TiC/a－C 复合材料薄膜。

在这些复合材料体系中，碳与 TiC 的界面无疑对复合材料性能具有直接影响。而关于非晶碳与 TiC 界面的研究相对较少。在有关非晶碳的第一性原理计算和模拟研究中，常常使用类金刚石(Diamond - like Carbon，DLC)这一概念和建模方式。考虑到 TiC(111)表面是 TiC 的密排面，且在前面章节的研究中也表明该表面与 Ti(0001)和 SiC(111)均能够建立最稳定界面。因此，本章采用第一性原理方法，建立 DLC/TiC(111)界面模型，考察该界面的最稳定原子构型、界面黏附强度和界面成键本质。

8.2 研究过程

本章所有计算均使用 CASTEP 软件，所用泛函为 GGA - PBE，截断能、***k*** - points 和其他计算参数的收敛性测试和选定与前面章节相同。

8.2.1 DLC(111)表面建模

根据文献，TiC 和金刚石均为立方晶体结构，其中，TiC 的空间群为 FM - 3M(#225)，晶格常数为4.328Å；金刚石的空间群为 FD - 3M(#227)，晶格参数为3.567Å。可见金刚石的晶格参数较小，二者相差约20%。因此，TiC 与金刚石的(111)面无法形成共格界面。考虑到 DLC 是密度变化较大(1.5 ~ 3.3g/cm^3)的一类非晶碳。为了建立共格的 DLC/TiC(111)初始模型，本节在建立 DLC(111)表面时，将金刚石的晶格尺寸增大到4.304Å，此时其密度为2.0g/cm^3，再沿该晶格的(111)表面进行切分建立 DLC(111)表面板块构型。关于 DLC(111)表面模型的厚度，参考以往有关类 DLC 表面的第一性原理计算，含有十层原子的 DLC(111)表面板块模型已足够精确。

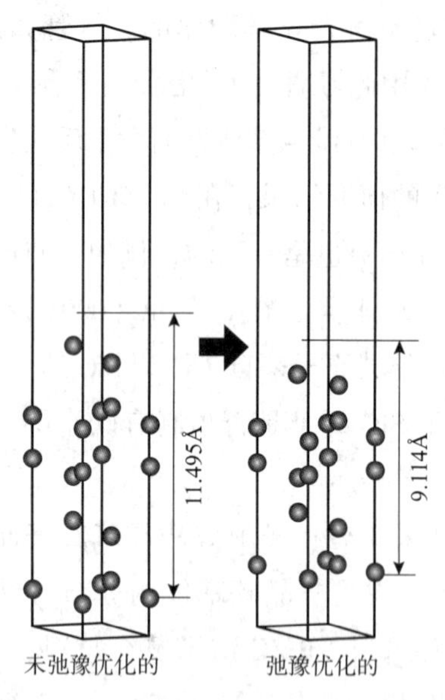

图8-1 优化前后的 DLC(111)表面模型

在建立界面模型之前，先将 DLC(111)表面超晶胞模型进行充分优化，优化前后 DLC(111)的原子构型如图8-1所示。优化后，DLC(111)模型中的原子在垂直于表面方向产生了较大弛豫，厚度缩小。稳态构型中DLC(111)板块的密度已经增大到2.5g/cm^{3}左右。

8.2.2 TiC(111)表面建模

考虑到TiC(111)表面在与碳层相接触形成表面时，更有可能是碳原子封端的表面构型。因此，本节仅考察碳原子封端的TiC(111)表面与DLC(111)所形成的界面。根据前面章节的收敛性测试结果，本节仍采用含有九层原子的TiC(111)表面构型。

在构建界面模型之前，先对TiC(111)表面板块进行优化。根据第4章表4-3，可知在TiC(111)表面模型中，弛豫主要发生在最靠近表面的三层原子处，第四层原子的弛豫已非常有限($\Delta_{ij}=-0.5\%$)。因此，在对TiC(111)表面模型进行优化时，将TiC(111)模型最下面的六层原子固定，只允许最靠近表面的三层原子自由弛豫。

8.2.3 DLC/TiC(111)界面模型

采用具有真空层(>10Å)的界面超晶胞建模方法。在分别对TiC(111)和DLC(111)表面板块模型进行优化后，将DLC(111)板块堆垛在TiC(111)表面上。分别考虑三种堆垛位置[中心位(center site)、孔穴位(hollow site)、顶位(top site)]，以及TiC与DLC中两种不同的碳原子亚晶格[孪生型(twinned)和非孪生型(untwinned)]，共考察了六种不同的DLC/TiC(111)界面模型，为简便起见，分别简称为界面Ⅰ至界面Ⅵ(如图8-2所示)。

为了确定界面的稳定性，并确定合理的初始界面间距，对界面Ⅰ~界面Ⅵ每种界面均建立一系列具有不同界面间距(d_0)的模型，并根据式(3-2)计算其界面黏附功(W_{ad})，从而得到六种界面模型的UBER关系曲线，即$W_{ad}-d_0$之间的曲线关系(如图8-3所示)。曲线的最高点即对应着该界面模型可能取得的“最大”黏附功(W_{ad})和“最优”界面距离(d_0)。

根据$W_{ad}-d_0$曲线，界面原子堆垛位置对W_{ad}的影响较大，其中，孔穴位堆垛界面(界面Ⅱ和界面Ⅴ)的W_{ad}最小，中心位堆垛界面(界面Ⅰ和界面Ⅳ)的W_{ad}稍高，而顶位堆垛界面(界面Ⅲ和界面Ⅵ)的W_{ad}最大。可见，顶位堆垛界面的热

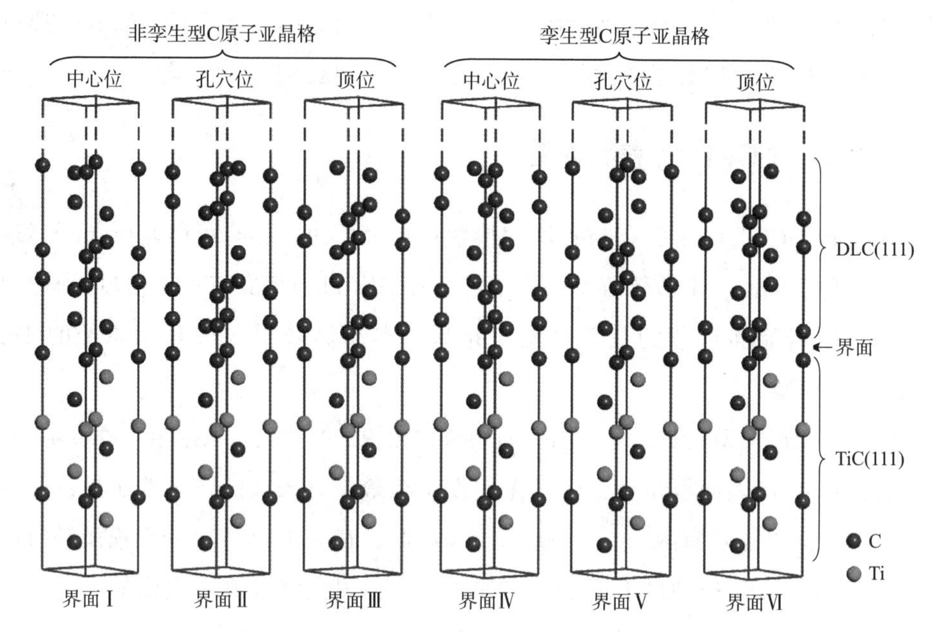

图 8－2　具有不同堆垛位置和碳原子亚晶格的六种 DLC(111)表面模型

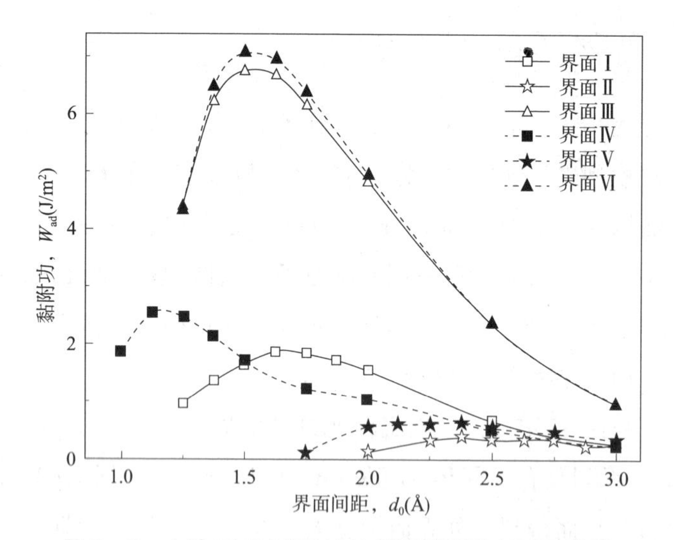

图 8－3　六种 DLC/TiC(111)界面模型的 UBER 曲线

力学稳定性更大，因此，后续仅针对两种顶位堆垛界面模型(界面Ⅲ和界面Ⅵ)进行研究。

从图 8－3 可见，两种顶位堆垛界面模型(界面Ⅲ和界面Ⅵ)的“最大”黏附功(W_{ad})分别为 6.8J/m^2 和 7.1J/m^2 左右，二者的“最优”界面距离(d_0)均为 1.5Å

左右(参见表8-1中的“UBER”栏)。以“最优”界面距离 $d_0=1.5Å$ 建立两种顶位界面模型，再分别进行优化。在优化时，保持TiC(111)一侧下面的六层原子固定不动，而界面模型中的其他原子，包括DLC(111)板块的所有原子均可以自由弛豫。

8.3 结果和讨论

8.3.1 界面黏附功

图8-4所示为界面Ⅲ和界面Ⅵ两种界面模型优化后的界面原子构型、价电

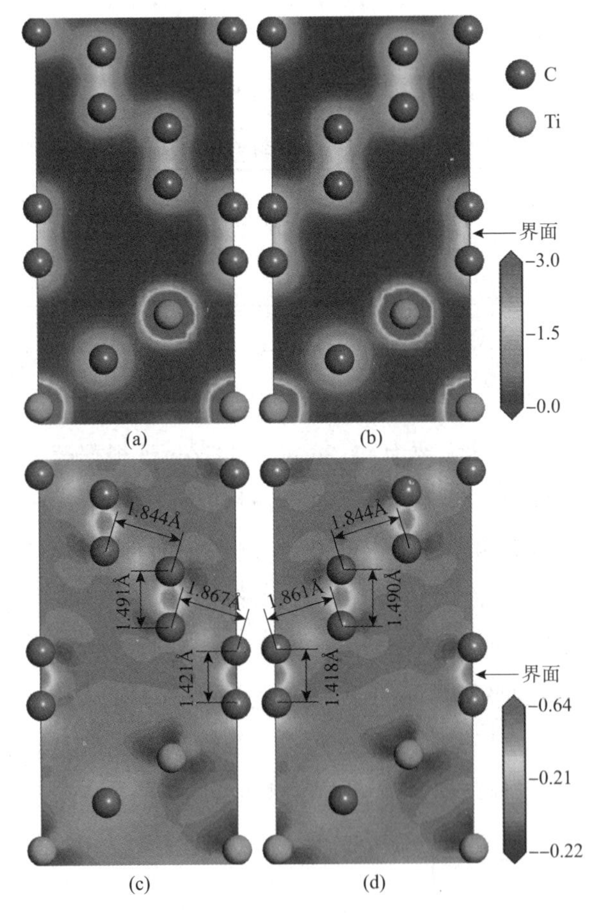

图8-4　两种顶位堆垛DLC/TiC(111)界面模型[沿(110)面的价电荷密度(a，b)和电荷密度差分分布(c，d)：界面Ⅲ(a，c)；界面Ⅵ(b，d)]

子密度分布和电荷密度差分分布。可见，在构型优化达到平衡后，仍保持了初始模型中的原子堆垛次序。

针对优化后的平衡构型，再次根据式(3－2)计算了各自的界面黏附功(W_{ad})。优化后的界面黏附功(W_{ad})和界面距离(d_{eq})可看作是稳态平衡值，其结果列于表8－1中的“Fully relaxed”栏。由于在UBER方法中模型并未优化，因此，相比于完全优化后的结果，UBER方法所计算得到的W_{ad}在数值上略小。对于两种模型，两种方法所得W_{ad}数值的大小关系是一致的，均为界面Ⅵ>界面Ⅲ，但两者相差的幅度不到5%。此外，由图8－3也可见，当界面堆垛位置相同时，对比碳原子亚晶格不同的两种界面模型，可以得到一个规律：相同堆垛位置下，孪生型碳原子亚晶格模型所对应的黏附功(W_{ad})更大，但其差值均很有限。据此，可以推断：碳原子亚晶格对DLC/TiC(111)界面稳定性具有较弱的影响，且孪生型碳原子亚晶格界面模型具有较大的热力学稳定性。

表8－1　两种顶位堆垛DLC/TiC(111)界面模型的黏附功(W_{ad})和界面距离(d_0或d_{eq})

C原子亚晶格	界面模型	UBER		完全弛豫优化	
		W_{ad}/(J/m^2)	d_0/Å	W_{ad}/(J/m^2)	d_{eq}/Å
非孪生型	界面Ⅲ	~6.8	~1.5	8.76	1.421
孪生型	界面Ⅵ	~7.1	~1.5	8.99	1.418

根据Stekolnikov等人对金刚石(111)面的第一性原理计算结果，可以估算得到金刚石沿(111)的黏附功大致为12.86~16.24J/m^2。根据第4章图4－2，可知在富碳环境中，体相TiC沿(111)面的黏附功为11.08J/m^2。对比上述结果，DLC/TiC(111)界面的黏附功较小，可见，DLC/TiC(111)界面的结合强度小于体相TiC和金刚石沿(111)面的结合强度，即相比于两种体相的内部结合，DLC/TiC(111)界面的稳定性较低。

此外，两种模型的平衡界面间距(d_{eq})均约等于1.42Å，该值与石墨和石墨烯中的C—C键长(1.42Å)是一致的。可见，界面处DLC(111)与TiC(111)表面第一层碳原子之间的键能较强，应该与石墨和石墨烯的C—C键类似。

8.3.2 界面电子结构

对比图8－4中的(a)和(b)，可以看到，在界面处，界面Ⅵ的电荷密度比界面Ⅲ稍大，即其界面电荷作用稍强；对比图8－4中的(c)和(d)，也可以得到类似的信息，孪生型碳原子亚晶格(界面Ⅵ)界面处的电荷集聚稍微多些。可见，在孪生型碳原子亚晶格界面上，由于界面两侧的碳原子具有孪生对称特征，因此，在界面两侧，尤其是在DLC(111)的第二层碳原子和TiC(111)的第二层Ti原子之间，可能发生较强的电荷互作用。也正是这一原因，孪生型碳原子亚晶格界面模型具有较大的黏附功和界面稳定性。

图8-4(c)和(d)中标注了平衡构型中DLC中心处的碳原子间距，其中，顶位分布的C—C约为1.49Å，且存在有较强的电荷互作用，该原子间距处于金刚石中C—C键长(1.54Å)和石墨或石墨烯中的C—C键长(1.42Å)之间，可见，其成键强度亦应在金刚石和石墨之间；而孔穴位分布C—C原子对间距约为1.85Å，电荷互作用也较弱。可见，顶位分布C—C原子对成键较强，而孔穴位分布C—C原子对成键较弱。此外，对比两个不同碳原子亚晶格模型，界面Ⅵ中DLC一侧的C—C原子间距比界面Ⅲ的稍小，这与其界面电荷互作用稍强是一致的。

8.3.3 界面成键分析

为进一步考察界面成键信息，需对平衡界面构型的价电子态密度(PDOS)进行计算和分析。考虑到界面Ⅲ和界面Ⅵ的平衡原子构型、界面黏附功和价电子结构均相似，且界面Ⅵ相比稍微占优，本节仅针对孪生型碳原子亚晶格的顶位界面构型(界面Ⅵ)进行PDOS计算和分析(如图8-5所示)。

对于DLC(111)一侧碳原子的PDOS曲线[图8-5(a)]，由上至下依次为第五层至第一层原子，第一层、第二层碳原子的PDOS曲线与其他三层碳原子的PDOS曲线存在少许区别。对于第三层至第五层碳原子的PDOS曲线，在-13.5~-12.5eV和-11.7~-8eV能级范围内，相邻两层碳原子之间，一个碳原子的s轨道和另一个碳原子的p轨道之间发生强烈交互，表明存在较强的$s-p$共价键(如sp^3、sp^2)，也意味着在C—C原子对之间可能存在较强的σ键。从-7.5eV到Fermi能级较宽的范围内，相邻两层碳原子之间主要是p轨道电子的相互作用，可见也存在有π键作用。而对于第一层、第二层碳原子的PDOS曲线，可见-13.5~-12.5eV范围内的$s-p$轨道交叠的峰值逐渐向高能级一侧偏移，并紧靠着从-7.5eV到Fermi能级p轨道的峰值，使原本相对较为独立的两个峰值区域连通起来。这说明，相比于深处的第三至五层原子，DLC(111)表面的第一层、第二层原子倾向于在较高能级上成键。此外，第二层C原子在Fermi能级处存在较高的态密度，其金属键特征更为明显，这一现象主要是受TiC(111)中第一层C和第二层Ti原子的影响。

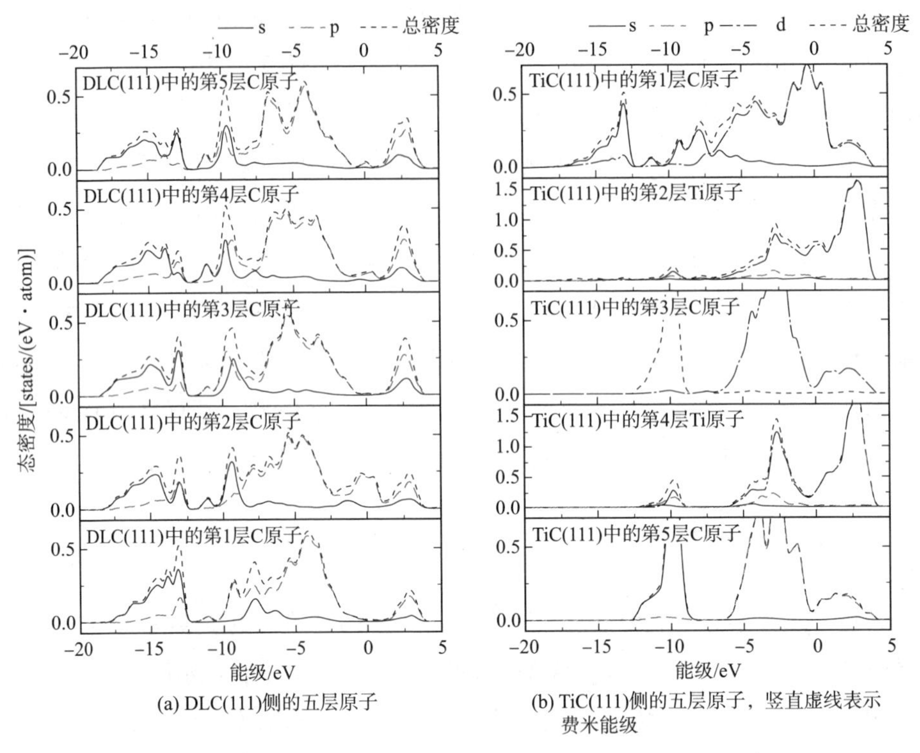

(a) DLC(111)侧的五层原子

(b) TiC(111)侧的五层原子，竖直虚线表示费米能级

图8-5 优化后DLC/TiC(111)界面模型的分波态密度(PDOS)

而在TiC(111)一侧的PDOS曲线[图8-5(b)]中，由上至下依次为第一层至第五层原子，其中靠近界面处的第一层C原子和第二层Ti原子的PDOS曲线与后面第三层至第五层原子的PDOS曲线有一点不同。分别说明如下：对于第三、五层C原子和第四层Ti原子，大致在-10eV能级附近出现C-*s*和Ti-*d*轨道电子之间的交互作用，其中C-*s*电子的峰值更高[约1.2states/(eV · atom)]，可见在此能级下C-*s*电子对成键的贡献更多。从-11eV到Fermi能级范围内，主要是C-*p*和Ti-*d*轨道电子之间的交互作用，而C-*p*轨道的峰值更高[约1.5states/(eV · atom)]，可见在该能级范围内，C-*p*电子对成键的贡献更多。对于第一层C原子和第二层Ti原子，二者在-10eV能级附近的峰值大大降低，可见，第一层C原子与第二层Ti原子之间在该能级下的成键已大大减弱。对于TiC(111)第一层C原子而言，其PDOS曲线与DLC(111)中C原子[尤其是DLC(111)第一层C原子]非常近似，在-13.5～-12.5eV和-11.7～-8eV能级范围内出现了新

的峰值，且这些峰值均与 DLC(111)第一层 C 原子的峰值相对应。可见，TiC(111)第一层 C 原子的成键与 DLC(111)中的 C 原子基本相同。此外，TiC(111)第一层 C 原子的 p 轨道峰值区，以及第二层 Ti 原子的 d 轨道峰值区，均向高能级侧扩展，并跨 Fermi 能级存在较高的态密度，可见，TiC(111)第一层 C 原子和第二层 Ti 原子的金属键特征更为明显，其导电性相比于 TiC 内部的原子有所提高；且相比于 DLC 中的 C 原子，TiC(111)第一层 C 原子的导电性也有所提高。

综上所述，DLC/TiC(111)界面结合主要是 C—C 原子对的 $s-p$ 共价键和 C—Ti 原子对的 $p-d$、$s-d$ 共价键。而在界面处的 C—C 原子对之间，在较低能级范围内（$-11.5\sim-7$eV），主要是 DLC 第一层 C 原子的 p 轨道和 TiC 第一层 C 原子的 s 轨道相互作用，具有 σ 键特征；而在较高能级范围内（-7eV ~ Fermi 能级），主要是 DLC 第一层 C 原子的 p 轨道和 TiC 第一层 C 原子的 p 轨道相互作用，具有 π 键特征。此外，在 TiC(111)侧第一层、第二层原子具有较大的金属键特征，应该具有更好的导电性。

第 9 章　$\beta-SiC(111)/Al_2MgC_2(0001)$ 界面的第一性原理研究

9.1　简述

近几十年来，碳化硅(SiC)常用作钛基、铝基、镁基等金属基复合材料的增强相，以期获得具有高比强度和高比模量的轻质结构材料。这类材料在汽车、航空航天等多个领域具有广阔的应用前景。六方 $\alpha-SiC(6H)$ 和立方 $\beta-SiC(3C)$ 成本低廉，可用性广，且与钛、铝、镁合金基体具有良好的晶格共格匹配度，是目前常用的两种 SiC 增强材料。

增强相与基体界面对复合材料的整体性能具有显著影响。为了尽可能优化复合材料的综合性能，须着力研究并改善增强相与基体的界面结合性能。尽管 SiC 增强体具有较强的化学稳定性，但鉴于上述金属基复合材料在制备工艺或服役过程中通常会历经较高的温度环境，SiC 与金属合金基体之间不可避免地具有一定的化学反应趋势，极易形成界面反应产物，例如 TiC、Al_2MgC_2、Al_4C_3 等。

通常认为界面反应对复合材料的性能有负面影响。有研究表明，可以通过一定的技术手段避免增强相与基体之间的界面反应。例如，有文献报道了 SiC 纳米线和纳米晶镁基体之间的界面表征，基体在枝晶间由枝晶结构 $Al_{12}Mg_{17}$ 和 $\alpha-Mg$ 组成，而在 SiC/基体界面上，实现了界面无反应，这或许可以成为未来开发高性能金属基复合材料的一条可行路径。然而，对于目前常见的金属基复合材料体系，通常采用常规的制备工艺，往往难以完全避免界面反应。SiC 与金属基体之间的界面处，往往会生成一定厚度的界面反应层。

Al、Mg 元素是钛合金基体中常见的添加组元。因此，SiC 增强相与基体之间可能会生成三元化合物 Al_2MgC_2。根据既有文献报道，界面碳化物 Al_2MgC_2 显著影响碳纤维(包括 SiC 纤维)增强金属基复合材料的界面结合强度和整体力学性能。但是，关于 Al_2MgC_2 对界面结合强度和力学性能的影响机制仍存在一定未明之处。为此，有必要对 SiC/Al_2MgC_2 界面体系进行深入研究。

为了对 SiC/Al_2MgC_2/Mg 界面有一个全面的认识，本章采用 DFT 计算方法对 β-SiC(111)/Al_2MgC_2(0001)界面进行研究，并讨论了碳原子在界面中的作用。选择该界面的原因是，β-SiC(111)在金属基复合材料中的晶体取向优先性已被实验研究证实，而 β-SiC(111)与 Al_2MgC_2(0001)界面的晶格失配度仅为 7.7%。因此，从晶体学角度出发，可以预期 β-SiC(111)/Al_2MgC_2(0001)具有较为良好的界面共格性。

9.2 研究方法与细节

采用 CASTEP 软件完成第一性原理计算，使用基于密度泛函理论的平面波超软赝势法。赝势为广义梯度近似(GGA)泛函的 PBE 形式，所考虑的价电子为 C $2s^2 2p^2$，Si $3s^2 3p^2$，Al $3s^2 3p^1$，Mg $2p^6 3s^2$。使用 SCF 自洽场法求解 Kohn-Sham 方程，得到电子基态，SCF 的收敛阈值设为 5.0×10^{-7} eV/atom。同时，迭代 BFGS 算法对整个系统进行能量最小化，以完成整个模型体系的几何优化。

交换关联势和计算参数(k 点网格、截断能等)直接影响计算结果。在表面和界面的建模模拟过程中，采用三维周期性超晶胞板块模型，这些板块模型中所包含的原子层数也会影响计算结果。为了验证上述方法的有效性，并合理选择参数，首先对体相 β-SiC、Al_2MgC_2 基体及其表面进行了计算。

9.3 体相计算

9.3.1 体相计算和参数验证

根据实验研究数据，分别构建了 β-SiC 和 Al_2MgC_2 的体相单胞模型。为合

理选定 k 点和截断能的参数设置，在计算之前，先进行了收敛性测试。通过考察 Monkhorst－Pack 的 k 点采样网格和截断能对体相单胞总能量的影响规律，选定合适的 k 点设置和截断能。收敛性测试结果表明：β－SiC 和 Al_2MgC_2 单胞的最优 k 点网格分别为 $6\times6\times6$ 和 $9\times9\times4$，平面波截断能均为 340eV。在该 k 点和截断能设置条件下，β－SiC 和 Al_2MgC_2 体相单胞的总能量收敛值均小于 2×10^{-3} eV/原子。

在后续的 β－SiC(111)、Al_2MgC_2(0001)表面，及 β－SiC(111)/Al_2MgC_2(0001)界面的计算中，k 点网格设置为 $9\times9\times1$。采用以上 k 点设置，倒易空间布里渊区的 k 点网格间距均大致为 0.035$Å^{-1}$。

采用上述收敛性测试所确定的 k 点网格和截断能，分别对 β－SiC 和 Al_2MgC_2 体相单胞进行充分地弛豫优化。表 9－1 中列出了优化后晶胞的晶格常数（a 和/或 c）、原子体积（V_0）、弹性常数（C_{ij}）和体模量（B）。表中还列出了若干以往文献中的理论计算和实验数据作为参考比较，所得计算结果与现有资料吻合较好。

9.3.2　表面构型及封端原子类型

构建表面模型时，在垂直于表面的厚度方向上，插入了 15Å 的真空层，以确保能够尽可能消除三维模型厚度方向上的周期性，从而能够以三维周期性模型表征具有二维周期性的表面。

对于 SiC(111)和 Al_2MgC_2(0001)两种碳化物表面，二者均存在各自不同的表面封端。其中，对于 SiC(111)表面，分别考虑了 C 原子和 Si 原子封端两种情形。至于 Al_2MgC_2(0001)表面，为了确定其封端类型，选择两个不同的(0001)晶面作为解理面（如图 9－1 中的 CL1、CL2 所示），计算并比较不同解理面上的黏附功，黏附功越大，则沿着该解理面发生断裂分离越困难，需要外界施加的能量越大，反之，黏附功越小，则越易于沿着该解理面发生断裂分离。沿 CL1 平面解理分离将产生 Mg 和 C(Al)两种表面封端，而沿 CL2 平面解理分离则产生两个相同的 Al(C)封端表面。

表 9－1 β－SiC 和 Al_2MgC_2 优化后体相单胞的晶格常数（a 和/或 c）、原子体积（V_0）、弹性常数（C_{ij}）和体模量（B）

相	空间群	数据来源或方法		晶格常数		V_0/（Å^3/atom）	B/GPa	弹性常数/GPa					
				a/Å	c/Å			C_{11}	C_{33}	C_{44}	C_{12}	C_{13}	C_{14}
β－SiC	F－43m	本研究	GGA－PBE	4.3732	—	10.45	204.79	372.14	—	245.28	121.11	—	—
		以往理论计算	LDA	4.315	—	10.04	223	420	—	287	126	—	—
			LDA	4.3194	—	10.07	224.9	401.9	—	255.7	136.4	—	—
			LDA－CAPZ	4.145	—	8.90	219	390	—	253	134	—	—
			GGA－PBE & PW91	4.39	—	10.58	217	—	—	—	—	—	—
			GGA	4.3694	—	10.43	209.2	384.5	—	243.3	121.5	—	—
		以往实验数据	—	4.3596	—	10.36	211	352.3	—	232.9	140.4	—	—
			—	4.358	—	10.35	225	390	—	256	142	—	—
Al_2MgC_2	P－3m1	本研究	GGA－PBE	3.3947	5.8920	11.76	127.90	323.82	207.55	88.15	77.14	44.11	43.0
		以往理论计算	GGA－PBE	3.30	5.81	10.96	—	—	—	—	—	—	—
		以往实验数据	—	3.3767	5.8072	11.47	—	—	—	—	—	—	—
			—	3.3770	5.8171	11.49	—	—	—	—	—	—	—
			—	3.3676	5.7997	11.39	—	—	—	—	—	—	—
			—	3.34	5.82	11.24	—	—	—	—	—	—	—

注：根据 298K 下的弹性常数按照公式 $B=1/3(C_{11}+2C_{12})$ 计算得到体积模量 B。

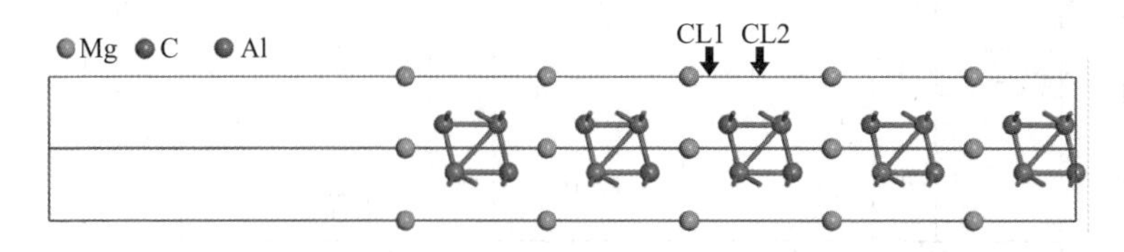

图 9-1 Al_2MgC_2(0001)板块模型的侧视图(CL1 和 CL2 表示两个不同解理面的位置)

黏附功(W_{ad})通常可以定义为分离凝聚态物质(α 和 β)的异质界面 α/β 时，单位界面积上所需施加的可逆功，其计算方式可表达为：

$$W_{ad} = (E_{slab,\alpha} + E_{slab,\beta} - E_{\alpha/\beta}) / A_i \tag{9-1}$$

式中 E_{slab}——完全弛豫的表面板块模型的总能量；

$E_{\alpha/\beta}$——α/β 界面模型的总能量；

A_i——界面模型的总面积。

从热力学角度出发，$E_{\alpha/\beta}$是界面模型的能量，可以视为解理分离过程的初始状态，而($E_{slab,\alpha} + E_{slab,\beta}$)是该界面被解理分离之后的能量之和，可以视为解理分离过程的最终状态。因此，W_{ad}即为将 α/β 界面分离成两部分时，平均到单位界面积上所需的能量。

虽然图 9-1 所考察的是 Al_2MgC_2 单相沿着(0001)晶面发生解理，并非两种异质材料 α 和 β 的界面 α/β，但仍旧适用于上述热力学基本原理。即：若某个解理面具有较小的 W_{ad}，则表明该均相物质在外界作用下，Al_2MgC_2 更倾向于沿着该解理面分离为两部分。计算结果表明，在 CL1 解理面上的 W_{ad}(5.15J/m^2)远高于 CL2 解理面的 W_{ad}(2.41J/m^2)。因此，Al_2MgC_2 更有可能沿 CL2 解理面(在 Al-C 原子之间)分离，从而形成 Al(C)终端的 Al_2MgC_2(0001)表面。此外，以往文献亦报道了 Al(C)封端的 Al_2MgC_2(0001)具有最低的表面能，上述结果与以往文献具有一致性，再次印证了 Al(C)封端的 Al_2MgC_2(0001)表面构型在热力学上更加稳定性。

需要着重说明的是，上述有关 Al_2MgC_2 沿(0001)解理断裂的模拟计算中，外部环境均假定为真空环境。因此，原则上，上述结果仅能支持 Al(C)封端的 Al_2MgC_2(0001)在真空环境下具有最高的热力学稳定性。当与其他凝聚相形成界面时，其他封端类型的 Al_2MgC_2(0001)表面可能具有更大的热力学优先性，更易于与其他物质形成界面，或者所形成的界面具有更高的界面结合强度。因此，为了能对 SiC(111)/Al_2MgC_2(0001)界面进行更全面地考察，在后续界面建模中仍分别考虑了 Al_2MgC_2(0001)表面的三种封端，即 Mg 封端、C(Al)封端和 Al(C)封端。

此外，在建立表面和界面的板块模型时，为了尽可能真实地模拟出表面和界面内部深处的体相性质，板块模型中在厚度方向上所包含的原子层数应足够厚。根据以往的文献数据和收敛性测试结果，对于 SiC(111)表面模型，12 层原子的厚度已经足以模拟其体相内部性质；对于 Al_2MgC_2(0001)表面模型，则分别采用了 11 层原子的 Mg 封端板块、14 层原子的 C(Al)封端板块和 15 层原子的 Al(C)封端板块模型。

9.3.3 β-SiC/Al_2MgC_2(0001)界面

界面建模的基本方法是：将 Al_2MgC_2(0001)板块模型堆垛在 SiC(111)板块模型上，从而建立 SiC(111)/Al_2MgC_2(0001)界面模型。

考虑到 SiC(111)和 Al_2MgC_2(0001)两种表面各自不同的表面封端，可能形成 6 种不同的界面封端类型，分别表示为 Si/C 封端、Si/Mg 封端、Si/Al 封端、C/C 封端、C/Mg 封端和 C/Al 封端。

此外，当堆垛两种表面板块时，分别考察了 3 种不同的界面堆垛位置，即顶位堆垛、中心位堆垛、孔穴位堆垛(为简便起见，依次表示为 top、hcp、fcc)，三种堆垛位置如图 9-2 所示。

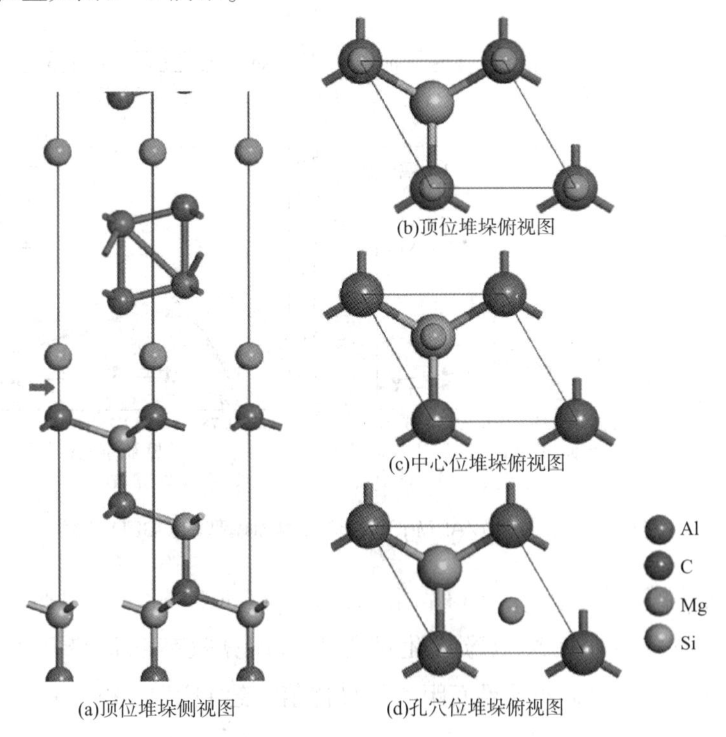

图 9-2 C/Mg 封端的 SiC(111)/Al_2MgC_2(0001)界面模型

(注：俯视图中仅示出 Al_2MgC_2(0001)的最外层 Mg 原子和 SiC(111)的外侧两层原子)

综合考虑6种不同的界面封端和3种不同的堆垛位置，总共建立并比较了18种不同的界面模型(见图9-3和表9-2)。

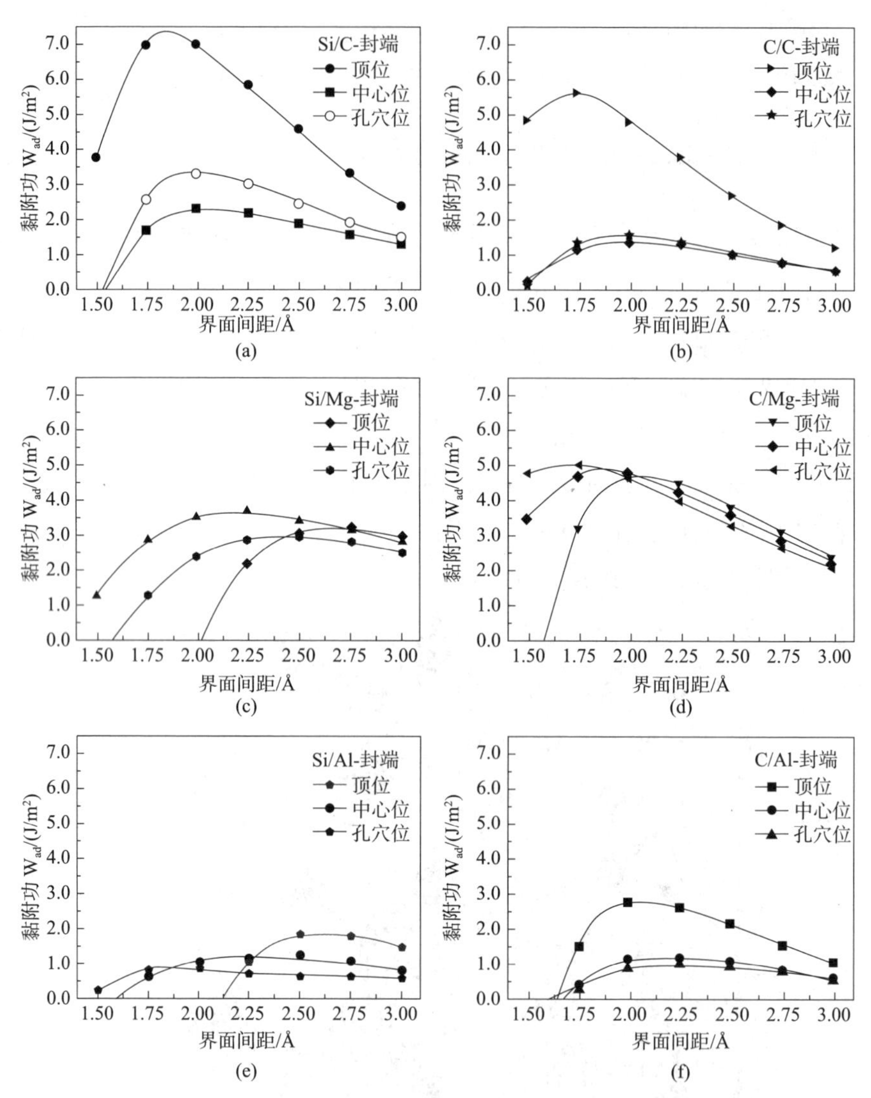

图9-3 $SiC(111)/Al_2MgC_2(0001)$界面模型的UBER曲线

在界面建模过程中，SiC(111)和$Al_2MgC_2(0001)$板块模型的初始界面距离直接影响该界面在后续弛豫优化过程中的计算效率和最终平衡态原子构型。为了更精确地选定初始界面距离的最优值，绘制了UBER曲线(如图9-3所示)。

表 9－2　由 UBER 曲线所得的初始界面距离（d_0）和黏附功（W_{ad}）

表面封端		堆垛位置	界面模型	d_0/Å	W_{ad}/(J/m^2)
SiC(111)	Al_2MgC_2(0001)				
Si	C(Al)	顶位	Si/C_ top	1.85	7.31
		中心位	Si/C_ hpc	2.04	2.30
		孔穴位	Si/C_ fcc	1.99	3.31
	Mg	顶位	Si/Mg_ top	2.67	3.20
		中心位	Si/Mg_ hpc	2.20	3.62
		孔穴位	Si/Mg_ fcc	2.44	2.96
	Al(C)	顶位	Si/Al_ top	2.61	1.89
		中心位	Si/Al_ hpc	2.36	1.23
		孔穴位	Si/Al_ fcc	1.87	0.94
C	C(Al)	顶位	C/C_ top	1.75	5.61
		中心位	C/C_ hpc	1.99	1.39
		孔穴位	C/C_ fcc	1.94	1.58
	Mg	顶位	C/Mg_ top	2.08	4.62
		中心位	C/Mg_ hpc	1.86	4.85
		孔穴位	C/Mg_ fcc	1.74	4.98
	Al(C)	顶位	C/Al_ top	2.07	2.80
		中心位	C/Al_ hpc	2.20	1.24
		孔穴位	C/Al_ fcc	2.21	1.02

根据热力学基本原理，具有较大黏附功 W_{ad} 的界面模型将产生更高的界面结合强度。基于这一前提，结合 UBER 曲线，将模型 Si/C_ top、C/C_ top、C/Mg_ fcc 和 Si/Mg_ hcp 选定为具有较大 W_{ad} 的四种界面模型。该四种模型的最佳初始界面间距依次为 1.85Å、1.75Å、1.74Å 和 2.20Å。后文则着重对这四种界面模型进行进一步研究和讨论。

9.4　结果与讨论

9.4.1　界面黏附功

首先，根据 UBER 曲线所确定的界面初始距离 d_0，建立四种界面模型（分别表示为 Si/C_ top、C/C_ top、C/Mg_ fcc 和 Si/Mg_ hcp)。然后对该四种界面模型分别进行充分地弛豫优化，得到优化后的稳态界面构型。基于优化后的稳态界面构型，重新计算黏附功(W_{ad})，结果如表 9-3 所示。

表 9-3 由完全弛豫后的界面模型所得的平衡界面距离(d_{eq})、黏附功(W_{ad})和界面原子间距(Δ)

界面模型	d_{eq}/Å	Δ/Å	W_{ad}/(J/m^2)
Si/C_ top	1.866	1.866	6.91
C/C_ top	1.611	1.611	5.95
C/Mg_ fcc	1.662	2.504	4.99
Si/Mg_ hpc	2.257	2.938	3.59

由表 9-3 可见，Si/C_ top 模型的 W_{ad} 最大(6.91J/m^2)，其后依次是 C/C_ top、C/Mg_ fcc 和 Si/Mg_ hpc。根据热力学基本原理，W_{ad} 越大，则形成该界面的倾向性或优先性越大。因此，这意味着 Si/C_ top 界面模型在热力学上更易于形成，该界面构型存在于 SiC(111)/Al_2MgC_2(0001)界面上的可能性也最大。

此外，根据界面原子间距离(Δ)，也可以得到一些启示。四种平衡界面模型中的界面原子间距，即 Δ_{Si-C}、Δ_{C-C}、Δ_{C-Mg} 和 Δ_{Si-Mg} 数值，其数值分别与 β-SiC 中的 Si—C 键长(1.887Å)、金刚石中的 C—C 键长(1.545Å)或石墨片层内的 C—C 键长(1.423Å)、Mg_2C_3 中的 C—Mg 键长(2.25Å)和 Mg_2Si 中的 Mg—Si 键长(2.750Å)非常接近。这些原子间距的一致性表明，在上述四种平衡态界面模型中，很可能在界面上亦形成了类似的键合作用。

为了厘清 SiC 和 Al_2MgC_2 两种体相物质在界面附近的原子间距变化情况。根据完全弛豫优化的稳态界面模型，分别考察了四种模型中，位于界面附近的部分原子间距，如表 9-4 所示，表中也列出了两种体相物质的相应原子间距，以供比较和参考。

表 9-4 完全弛豫优化后平衡态界面模型中的原子间距

界面模型	原子间距/Å							
	SiC(111)侧		Al_2MgC_2(0001)侧					
	第一个 C—Si	第二个 C—Si	Mg1 - C1	C1 - Al1	C1 - Al2	C2 - Al2	C2 - Al1	C2 - Mg1
Si/C_ top	1.974	1.889	—	1.907	2.205	1.934	2.328	2.452

续表

界面模型	原子间距/Å							
	SiC(111)侧		Al_2MgC_2(0001)侧					
	第一个 C—Si	第二个 C—Si	Mg1 - C1	C1 - Al1	C1 - Al2	C2 - Al2	C2 - Al1	C2 - Mg1
C/C_ top	1.985	1.888	—	1.926	2.280	1.930	2.292	2.487
C/Mg_ fcc	1.977	1.886	2.539	1.929	2.267	1.940	2.316	—
Si/Mg_ hpc	1.978	1.888	2.465	1.932	2.263	1.937	2.284	—
体相的相应值	1.894	1.894	2.536	2.013	2.214	2.013	2.214	2.536

注：对于 Si/C_ top 和 C/C_ top 模型，Al_2MgC_2(0001)的原子从第一层向内侧编号为 C1、Al1、Al2、C2 和 Mg1。对于 C/Mg_ fcc 和 Si/Mg_ hpc 模型，Al_2MgC_2(0001)的原子从第一层向内侧编号为 Mg1、C1、Al1、Al2 和 C2。

在 SiC(111)侧，与体相的相应值(1.894Å)相比，第一个 C—Si 原子间距离趋向于拉伸到 1.97 ~ 1.98Å，而第二个 C—Si 原子间距离则稍有缩短(1.886 ~ 1.889Å)。

在 Al_2MgC_2(0001)一侧，C1 - Al1(1.907 ~ 1.932Å)和 C2 - Al2(1.930 ~ 1.940Å)的原子间距均小于体相的相应值(2.013Å)，C1 - Al2(2.205 ~ 2.280Å)和 C2 - Al1(2.284 ~ 2.328Å)的原子间距均大于体相的相应值(2.214Å)，C—Mg 的原子间距(2.452 ~ 2.539Å)比体相的相应值(2.536Å)略短。

综上所述，界面附近的原子重构可以大致描述为：在 SiC(111)侧，界面原子倾向于沿垂直于界面的方向收缩，并沿倾斜于界面的方向延伸；而在 Al_2MgC_2(0001)侧，界面原子倾向于沿界面法线方向延伸，沿着界面倾斜方向收缩。

9.4.2　界面断裂韧性

在金属基复合材料中，界面的力学性能(如断裂韧性)直接影响界面处的应力转移与传递，而表征界面力学性能的一个最基本指标就是界面结合强度。在断裂力学中，断裂韧性通常指的是应力强度因子(K)，它预测了由远程载荷引起的裂纹尖端附近的应力强度，并描述了含有裂纹的材料抵抗断裂的能力。对于 α 和 β 两种固相结合后形成的 α/β 异质界面，沿着该界面的“断裂失效”可简化抽象为将该 α/β 异质界面重新分离成 α 和 β 两个均质部分。

界面黏附功 W_{ad} 不仅可以用来评价在热力学上形成该异质界面的倾向性，而且也可以通过黏附功 W_{ad} 来评估界面处的断裂韧性。Griffith 方程将 W_{ad} 与裂纹扩

展的临界应力 σ_F 之间的关系定义为：

$$\sigma_F = \sqrt{\frac{W_{ad}E}{\pi c}} \tag{9-2}$$

式中 E——杨氏模量；

c——裂纹长度。

该公式表明增加 W_{ad} 可以提高临界应力 σ_F。此外，沿特定方向[hkl]的界面断裂韧性 K_{Ic}^{int} 可以通过以下公式确定：

$$K_{Ic}^{int} = \sqrt{4W_{ad}E_{hkl}} \tag{9-3}$$

其中 E_{hkl} 是沿特定方向[h k l]的杨氏模量。对于 α/β 异质界面而言，可以根据界面两侧 α 和 β 两种材料的 E_{hkl}，得到两个不同的 K_{Ic}^{int} 数值，从而确定该界面 K_{Ic}^{int} 数值的取值范围。

基于上述式(9-2)和式(9-3)的基本思路，对于不同封端的 SiC(111)/Al_2MgC_2(0001)界面模型，假如将 E(或 E_{hkl})和 c 均视为常数，则黏附功 W_{ad} 越大的界面模型，其界面断裂韧性也越大。在上述四种 SiC(111)/Al_2MgC_2(0001)平衡态界面模型中，Si/C_ top 模型具有最大的 W_{ad} 值(见表9-3)，因此，Si/C_ top 模型的 σ_F 最大，且 K_{Ic}^{int} 也最大。据此可知，Si/C_ top 界面构型可能具有最大的界面断裂韧性。

分别计算 SiC 沿[111]和 Al_2MgC_2 沿[0001]方向的 E 值，所得结果为 $E_{SiC[111]}$ = 323.79GPa 和 $E_{Al_2MgC_2[0001]}$ = 197.85GPa。根据式(9-3)，Si/C_ top 模型 K_{Ic}^{int} 的数值范围应为 2.34 ~ 2.99MPa · $m^{1/2}$。

现有文献几乎没有 SiC/Al_2MgC_2 界面断裂韧性的相关数据。与此类似的材料体系，仅有文献报道采用 Al、B 和 C 烧结添加剂(ABC-SiC)制备了增韧碳化硅，实验测量了该材料的最大应力强度因子为 K_{max} = 4.1MPa · $m^{1/2}$。上述预测值(2.34 ~ 2.99MPa · $m^{1/2}$)与该实验数据处于相同数量级，并在数值上较为接近。

需要补充说明的是，在上述界面断裂韧性 K_{Ic}^{int} 的估算中，把裂纹局限于仅仅沿着 SiC(111)/Al_2MgC_2(0001)界面扩展，并且该界面被假定为 SiC 和 Al_2MgC_2 的单晶界面。而事实上，裂纹往往会扭曲偏离界面，甚至裂纹完全从界面某一侧的体相物质扩展穿过，而且实际的异质界面大多是两相多晶体之间的界面。考虑到这两点，上述所估算预测的 SiC(111)/Al_2MgC_2(0001)界面断裂韧性 K_{Ic}^{int} 数值是合理的和可接受的。

9.4.3 碳原子在界面结合中的作用

为了更深入地阐明 SiC(111)/Al_2MgC_2(0001)的界面结合机理，对 Si/C_ top 平衡态界面模型，进一步考察计算了界面处的电荷密度和分波态密度(PDOS)。可以根据电荷密度和电荷密度差分(如图 9-4 所示)，明确界面价电荷的相互作用。

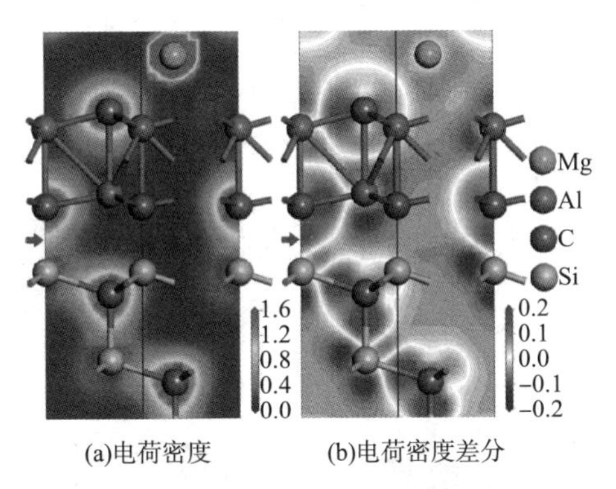

(a)电荷密度 (b)电荷密度差分

图 9-4 Si/C_ top 界面模型的电荷密度

（单位：电荷/Å^3，箭头表示界面位置）

由图 9-4 中可见，界面碳原子对界面键合具有重要作用。界面碳原子附近存在价电荷集聚现象，表明该碳原子倾向于成为电荷受体，而 Mg、Al 和 Si 原子周围的电荷存在消散现象，表明它们倾向于成为电荷供体。此外，相比于其他界面原子对，界面 C—Si 和 C—Al 原子对之间的电荷相互作用更强，表明界面键合作用主要来自 C—Si 和 C—Al 原子对。

对于平衡态 SiC(111)/Al_2MgC_2(0001)界面模型(Si/C_ top)，其 PDOS 曲线如图 9-5 所示。图中分别给出了界面处不同原子的 PDOS 曲线。此外，亦同时绘制了 Al_2MgC_2 体相和 SiC 体相原子的 PDOS 曲线，以作为比较和参考。

对体相 SiC、体相 Al_2MgC_2 和 Si/C_ top 界面模型进行 PDOS 计算实，所采用的 k 点设置分别为 $12\times12\times12$(网格间距约为 0.019Å^{-1})、$18\times18\times18$(网格间距约为 0.019Å^{-1})和 $24\times24\times1$(网格间距约为 0.014Å^{-1})，以确保 PDOS 的计算精度。

上文提及，界面处碳原子在界面键合中具有显著积极作用。该信息也可以从 PDOS 曲线中找到证据支持。如图 9-5 界面原子的 PDOS 曲线(图 b)所示，与图

c 和图 d 中 Al_2MgC_2 和 SiC 的体相原子的 PDOS 曲线相比，可以明显看出界面碳原子的 PDOS 曲线峰向左侧负移。对于 SiC(111)中的 C1 和 C2 原子，其曲线最高峰值从 -1.33eV 负移至 -2.95eV 和 -2.91eV。对于 Al_2MgC_2(0001)中的 C1 和 C2 原子，其曲线最高峰值从 -0.99eV 负移至 -1.85eV(参见表 9-5)。峰值所对应的能级越深，意味着参与电荷相互作用的电子能级越负。相比于浅能级电子的电荷作用，深能级电子所形成的电荷作用一般可以形成更强的键合作用。据此可知，相比于体相物质中的碳原子，界面处的碳原子倾向于形成更强的键合作用。

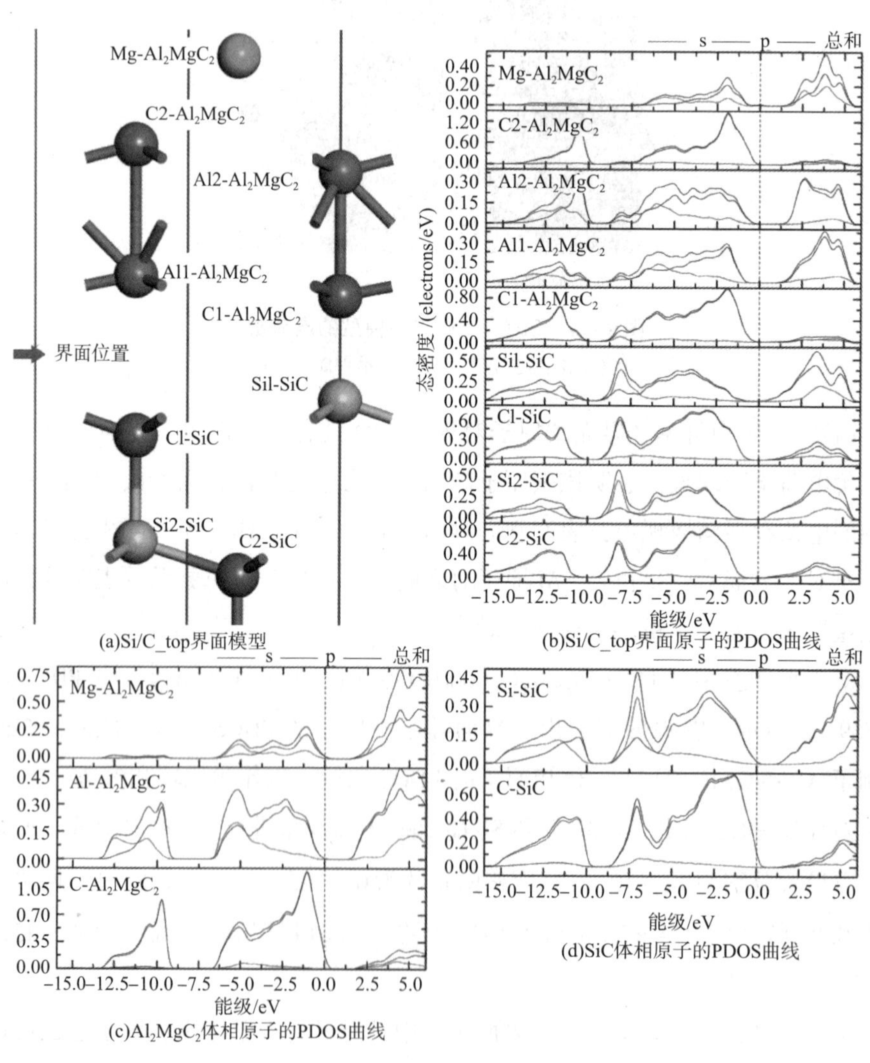

图 9-5　Si/C_ top 界面模型的界面原子及 PDOS 曲线

此外，由 PDOS 曲线还可以发现，SiC(111)中的碳原子比 Al_2MgC_2(0001)中的碳原子具有更加明显的曲线峰负移，这表明碳化硅侧的碳原子对界面键合的贡献更大。

表 9－5 对应于 Si/C_ top 界面模型中各原子 PDOS 曲线峰的能级

模型	表面	原子	PDOS 曲线价电子峰					
			s 轨道		*p* 轨道		总和	
			E/eV	DOS/(e/eV)	E/eV	DOS/(e/eV)	E/eV	DOS/(e/eV)
界面(Si/C_ top)	Al_2MgC_2(0001)	Mg	-5.50	0.09	-1.90	0.21	-1.90	0.30
		C2	-10.53	1.03	-1.90	1.48	-1.90	1.48
		Al2	-6.07	0.15	-10.48	0.31	-10.62	0.37
		Al1	-5.88	0.14	-1.85	0.27	-1.90	0.29
		C1	-11.61	0.62	-1.85	0.97	-1.85	0.99
	SiC(111)	Si1	-8.08	0.38	-3.92	0.34	-8.08	0.52
		C1	-11.50	0.46	-2.95	0.73	-2.95	0.73
		Si2	-8.18	0.45	-3.15	0.37	-8.18	0.59
		C2	-12.13	0.43	-2.91	0.81	-2.91	0.83
体相 Al_2MgC_2	—	Mg	-5.11	0.13	-1.09	0.21	-1.09	0.28
		Al	-5.22	0.20	-2.29	0.29	-5.22	0.38
		C	-9.71	0.89	-0.99	1.25	-0.99	1.26
体相 SiC	—	Si	-7.06	0.35	-2.78	0.35	-7.06	0.49
		C	-10.53	0.40	-1.33	0.78	-1.33	0.78

注：表中同时列出体相物质的结果以作为比较和参考。

此外，通过比较 Si/C－top 模型中 Al_2MgC_2(0001)与 Al_2MgC_2 体相的 PDOS 曲线，发现界面模型中 C1 和 C2 碳原子曲线在－8.08eV 附近新形成了一个小峰。该峰主要来自 C－$2p^2$ 轨道，并与 SiC(111)中的 Si 原子存在共振的 PDOS 峰，这种现象进一步支持了 SiC(111)中的 Si 原子和 Al_2MgC_2(0001)的 C 原子之间形成了共价键合作用。

相较于体相 Al_2MgC_2 中 C 原子的 *s* 轨道，Si/C－top 模型中 Al_2MgC_2(0001)的 C1 碳原子 *s* 轨道峰明显负移，由－9.71eV 负移至－11.61eV。负移后，该峰所对

应的能级非常接近于 SiC(111)中 C1 和 C2 原子的 s 轨道峰的能级(分别为 -11.50eV 和 -12.13eV)。这表明，Al_2MgC_2(0001)的碳原子与 SiC(111)中的碳原子具有相似性，即 Al_2MgC_2(0001)中 C1 原子的 s 轨道也在一定程度上参与了界面键合作用。

综上所述，Si—C 共价键主要由 -8.1eV 附近的 C-2p^2 和 Si-3s^2 之间以及 -11.5eV 附近的 C-2p^2 和 Si-3s^2 之间的杂化组成。

第10章　$SiC(111)/Al_4C_3(0001)$界面的第一性理论研究

10.1　简述

碳化硅(SiC)常用作金属基复合材料的增强相。金属基体中添加碳化硅，易于发生界面反应，可能会生成一系列含C或Si的化合物，这些反应产物对复合材料的组织和性能具有显著影响。综合文献报道，这些反应产物对复合材料的影响大致分为两方面：其一，增强相与基体反应产生大量弥散的化合物颗粒，这些颗粒有可能成为金属基体的异质晶核，从而对金属基体产生一定的晶粒细化作用；其二，增强相与基体界面反应所生成的化合物通常都具有显著脆性，很大程度上弱化了增强相与基体之间的载荷传递和受力分布情况，从而极有可能降低金属间化合物的整体力学性能。

SiC增强相与基体之间易于形成脆性的碳化物反应产物，鉴于Al元素是钛合金基体中的常见组元，Al_4C_3也常作为一种界面反应产物见于相关文献。如前所述，通常Al_4C_3被认为是有害相，有损于复合材料的整体性能，为此需采取措施抑制其形成。但也有研究表明，Al_4C_3可以作为金属基体的非均相晶核，这对于提高复合材料的力学性能具有一定积极意义。因此，为了更深入地了解SiC与金属基体界面，有必要对SiC/Al_4C_3界面进行研究。

近年来，基于密度泛函理论(DFT)的第一性原理计算被广泛应用于固-固界面理论研究中，该方法可从原子尺度提供基本信息。此外，使用DFT方法还可以深入考察增强相与基体金属界面的电子结构，明确界面处的电荷作用机理，从而有利于探究增强相与基体金属之间的结合机理和异质形核机制。

截至目前，对于SiC/Al_4C_3界面的原子尺度理论研究，尚缺乏足够多的文献资料。本章采用 DFT 计算方法，对 SiC/Al_4C_3 界面进行理论研究。根据相关文献，$Al_4C_3(0001)$ 和 SiC(111) 均为两种体相物质的低指数稳定表面，为此，针对 $SiC(111)/Al_4C_3(0001)$ 界面，考察了界面稳态原子构型、结合强度、界面薄弱点，电子结构和键合性质，此外，还对 Al_4C_3 在 SiC 表面的异质形核，讨论了 SiC/Al_4C_3 界面处的外延生长机制。

10.2 计算方法

采用 DFT 计算方法，使用平面波超软赝势描述原子间的相互作用，赝势中所考虑的价电子为：C $2s^2 2p^2$、Al $3s^2 3p^1$ 和 Si $3s^2 3p^2$。利用自洽场(SCF)方法求解 Kohn - Sham 方程实现电子能量的最小化，从而得到电子基态，SCF 的收敛阈值为 5.0×10^{-7}eV/atom。同时，利用 BFGS 算法弛豫整个模型体系，实现体系能量最小化，从而完成模型的几何优化。在 BFGS 算法中，能量、力、应力和位移的收敛容差分别为 5.0×10^{-6}eV/atom、0.01eV/Å、0.02 GPa 和 5.0×10^{-4}Å。

关于交换关联泛函的选定，根据已有文献，广义梯度近似(GGA)的 PBE 形式完全适用于 SiC 及 Al_4C_3 体系。采用 Monkhorst - Pack 的 k 点网格对布里渊区进行采样，体相 SiC 和 Al_4C_3 单胞所采用的 k 点设置分别为 $6 \times 6 \times 6$、$9 \times 9 \times 2$，表面和界面超晶胞所采用的 k 点设置均为 $9 \times 9 \times 1$。在本章所有的 DFT 计算中，截断能的设置均为 350eV。

10.2.1 体相计算

首先根据已有的实验数据，建立体相 SiC 和 Al_4C_3 的单胞模型，并对其进行充分弛豫优化，得到平衡态单胞构型。然后分别计算二者的体模量(B)和形成焓(ΔH_f^0)，并与已有的实验(或理论计算)数据进行比较，以验证采用上述模拟计算参数是否能够得到精确的计算结果。

根据相关文献，Al_4C_3 的形成焓可以用 Al、金刚石和 Al_4C_3 体相单胞之间的能量差来进行估算，如下式所示：

$$\Delta H_f^0(Al_4C_3) = [E_{Al_4C_3}^{bulk} - 4E_{Al}^{bulk} - 3 \times (E_{diamond}^{bulk} - 0.025eV)] \quad (10-1)$$

其中 $E_{Al_4C_3}^{bulk}$ 是 Al_4C_3 单胞总能量除以单胞中的分子数量，即单个 Al_4C_3 体相分子的能量；E_{Al}^{bulk} 和 $E_{diamond}^{bulk}$ 是单质 Al 和金刚石单胞中平均到每个原子的能量值；至于数值0.025eV，是根据以往文献，由量热法所确定的金刚石和石墨之间的焓差。体相 SiC 的形成焓 ΔH_f^0(SiC)也可以采用类似公式计算。

计算得到的 SiC 和 Al_4C_3 体相的晶格常数(a 和/或 c)、体模量(B)和生成焓(ΔH_f^0)如表 10－1 所示。计算结果与以往的实验或理论研究结果吻合较好。可见，采用上述计算方法和相关参数能够得到较为准确的计算结果，其准确性和有效性均得到验证。

表 10－1　体相 SiC 和 Al_4C_3 的晶格常数(a 和/或 c)、体积模量(B)和生成焓(ΔH_f^0)

相	空间群	Pearson 表征符号	Strukturbericht 表征符号	晶格常数/Å	B/GPa	ΔH_f^0 (eV/f. u.)
SiC	$F\bar{4}3m$ (216)	$cF8$	$B3$	a = 4.3732 [a]	204.79[a]	－0.69[a]
				a =4.3596[b]	211 [b]	－0.66 [c]
Al_4C_3	$R\bar{3}m$ (166)	$hR7$	$D7_1$	a = 3.3514，c =25.1167[a]	155.83[a]	－1.05[a]
				a =3.329，c =24.933[b]	153.1[b]	－1.17[c]

注：[a]本研究所得的计算结果。

[b] 以往文献的实验数据，体积模量由弹性常数计算：对于立方晶体，$B=(1/3)(C_{11}+2C_{12})$；对于六边形结构，$B=(2/9)(C_{11}+C_{12}+2C_{13}+C_{33}/2)$。

[c] 以往的理论计算数据。

10.2.2　表面和界面模型

采用周期性板块超晶胞的建模方法，建立表面和界面模型。在板块模型中插入一定尺寸的真空层，以尽量消除和避免板块模型顶端和底端两个自由端之间的虚拟相互作用。根据以往有关凝聚态界面的 DFT 研究文献，插入厚度为 15Å 的真空层，其厚度(或深度)足以将自由端的虚拟相互作用消除到可忽略的程度，从而确保表面或界面模型计算能够得到较为准确的数据结果。

鉴于 SiC(111)和 Al_4C_3(0001)表面均存在不同的表面原子封端。对于 SiC(111)表面，分别考虑了 Si 原子封端和 C 原子封端的两种 SiC(111)表面构型；对于 Al_4C_3(0001)表面，分别考虑了 C 原子封端和 Al 原子封端的两种 Al_4C_3(0001)表面构型。

在垂直于表面的方向上，即在表面模型的厚度方向上，表面模型中所包含的原子层应足够厚，以确保表面模型内部深处的原子能够体现出相应的体相特征。根据已有的研究结果，采用包含 12 层原子的 SiC(111)表面模型、包含 10 层原子的 Al 封端 Al_4C_3(0001)表面模型、包含 11 层原子的 C 封端 Al_4C_3(0001)表面模型，均能够确保表面模型深处的原子具有相应的体相特征，从而得到足够精确的计算结果。

在建立界面模型时，通过将 SiC(111)表面板块堆垛于 Al_4C_3(0001)表面板块上，建立二者之间的界面模型。考虑到二者不同的堆垛位置会直接影响界面模型的计算结果，因此分别考虑了三种不同的堆垛位置，即顶位堆垛、中心位堆垛和孔穴位堆垛(如图 10－1 所示)。

综合考虑不同的表面封端类型和不同的堆垛位置，总共建立了 12 种不同的 SiC(111)/Al_4C_3(0001)界面模型(如表 10－2 所示)。

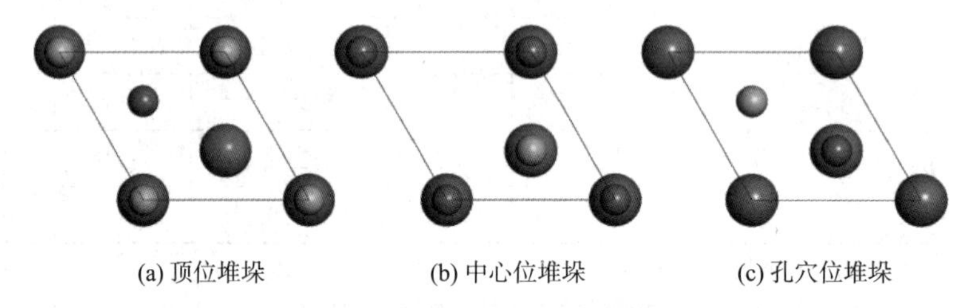

图 10－1　Si 封端的 SiC(111)和 C 封端的 Al_4C_3(0001)之间的三个堆垛位置的俯视图

[显示了界面处的四层原子，较小的球体是 SiC(111)的第一层 Si 原子和第二层 C 原子，较大的球体是 Al_4C_3(0001)的第一层 C 原子和第二层 Al 原子]

表 10－2　十二种界面模型的 UBER 曲线及由此所得的黏附功($W_{ad,max}$)和界面间距(d_0)

表面封端类型		堆垛位置	d_0/Å	$W_{ad,max}$/(J/m²)
SiC(1 1 1)	Al_4C_3(0 0 0 1)			
Si 原子封端	C 原子封端	顶位堆垛	1.865	7.245
		中心位堆垛	2.324	2.153
		孔穴位堆垛	1.822	4.073
	Al 原子封端	顶位堆垛	2.489	5.072
		中心位堆垛	2.578	2.938
		孔穴位堆垛	2.338	3.657
C 原子封端	C 原子封端	顶位堆垛	1.744	5.882
		中心位堆垛	1.989	1.749
		孔穴位堆垛	2.143	1.515
	Al 原子封端	顶位堆垛	1.923	7.171
		中心位堆垛	1.933	3.948
		孔穴位堆垛	1.893	5.148

10.3 结果与讨论

10.3.1 黏附功

为合理确定界面模型中两个表面板块之间的初始间距(d_0)，计算并绘制了12种界面模型的UBER曲线(如图10－2所示)。可以根据这些曲线的最大值，大致确定出最优界面初始间距(d_0)和界面黏附功的近似值($W_{ad,max}$)，结果如表10－2所示。

界面黏附功(W_{ad})可视为沿两相界面将该界面体系分离，平均到单位界面面积上所需的可逆功。W_{ad}数值越大，表示界面处的热力学结合倾向越大，所形成的界面结合强度也越强。

从图10－2可见，即便界面封端类型不同，但顶位堆垛方式总是具有更大的W_{ad}。这表明：与中心位堆垛和孔穴位堆垛方式相比，顶位堆垛的界面模型在热力学上具有更大的界面结合倾向。因此，下文重点对这四种不同的顶位堆垛界面模型进行进一步详细研究。为简便起见，将这四种顶位堆垛界面模型分别记为Si/C封端、Si/Al封端、C/C封端和C/Al封端的界面模型(参见表10－3)。

表10－3 顶位堆垛方式弛豫后界面模型的平衡界面间距(d_{eq})和黏附功(W_{ad})

界面模型	表面封端类型		d_{eq}/Å	W_{ad}/(J/m²)
	SiC(1 1 1)	Al_4C_3(0 0 0 1)		
Si/C 封端	Si 封端	C 封端	1.867	7.288
Si/Al 封端		Al 封端	2.502	4.986
C/C 封端	C 封端	C 封端	1.625	6.494
C/Al 封端		Al 封端	1.959	6.978

以表10－2中的d_0为界面模型的初始间距，分别建立Si/C封端、Si/Al封端、C/C封端和C/Al封端的四种顶位堆垛$SiC(111)/Al_4C_3(0001)$界面模型。然后将这四种模型分别进行充分地弛豫优化。为了更好地模拟表征界面内部深处内层原子的体相特征，在弛豫过程中固定了内部深处的部分原子层。对于SiC(111)表面一侧、Al封端的$Al_4C_3(0001)$表面一侧和C封端的$Al_4C_3(0001)$表面一侧，分别固定了内部深处的6层、5层和6层原子。

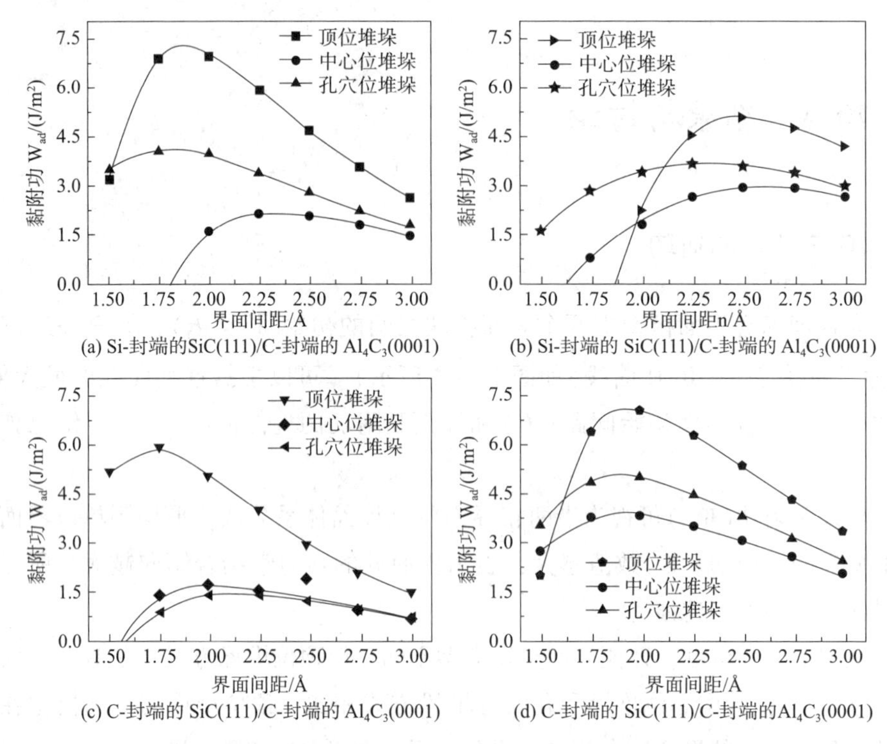

(a) Si-封端的SiC(111)/C-封端的 $Al_4C_3(0001)$
(b) Si-封端的 SiC(111)/C-封端的 $Al_4C_3(0001)$
(c) C-封端的 SiC(111)/C-封端的 $Al_4C_3(0001)$
(d) C-封端的 SiC(111)/C-封端的$Al_4C_3(0001)$

图10-2 十二种不同封端和堆垛位置的 SiC(111)/Al_4C_3(0001)界面模型的 UBER 曲线

待上述四种界面模型完成弛豫优化后，即得到其平衡态界面构型。基于这四种平衡态界面模型，分别考察其界面黏附功(W_{ad})和平衡界面间距(d_{eq})，结果均列于表10-3 中。在四种界面模型中，Si/C 封端模型具有最大的界面黏附功 W_{ad}，其后依次是 C/Al 封端和 C/C 封端，而 Si/Al 封端的界面模型具有最小的 W_{ad}。据此可见，Si/C 封端的 SiC(111)/Al_4C_3(0001)界面模型在热力学上具有最强的界面结合倾向，其界面结合强度也最强。

10.3.2 界面电子结构

为进一步考察上述四种 SiC(111)/Al_4C_3(0001)模型的界面电荷相互作用，以完全弛豫优化后的四种界面模型为基础，分别计算了电荷密度和电荷密度差分。在界面超晶胞模型的(110)平面上，电荷密度和电荷密度差分云图如图 10-3 和图 10-4 所示，图 10-3 中同时标出了界面附近各原子的 Mulliken 电荷数值(单位：e)。

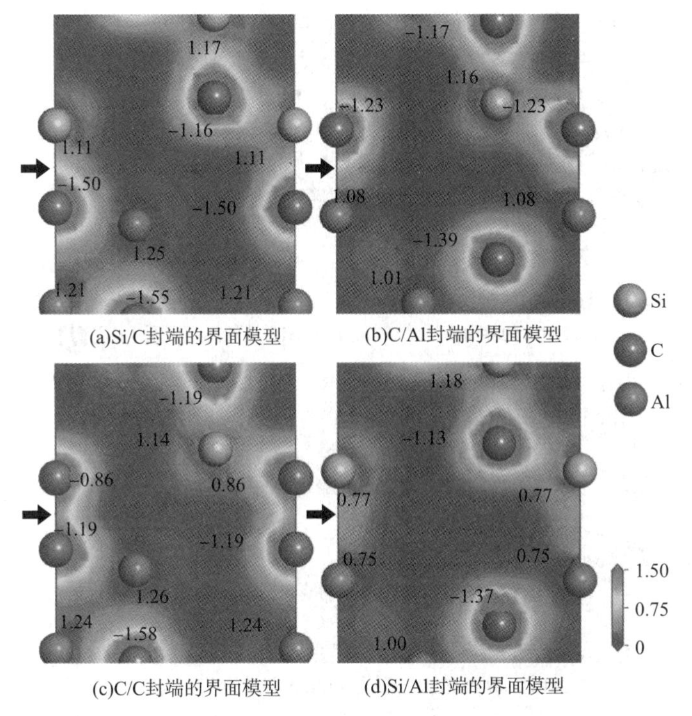

(a)Si/C封端的界面模型 (b)C/Al封端的界面模型

(c)C/C封端的界面模型 (d)Si/Al封端的界面模型

图 10－3 四种 SiC(111)/Al_4C_3(0001)界面模型(110)平面的电荷密度云图

（单位：电荷 e，电荷密度 e/A^3，箭头表示界面位置）

通过比较四种界面模型的价电子密度(图 10－3)、Mulliken 电荷(图 10－3)和电荷密度差分(图 10－4)，可以发现界面电荷主要聚集在 C 原子附近，而在界面 Si 和 Al 原子附近则存在电荷消散现象，界面电荷转移主要存在于 C－Si 和C－Al 原子对之间。因此，可以推测得知：界面成键主要来自 C—Si 和 C—Al 原子对的电荷相互作用。

此外，通过比较界面原子的 Mulliken 电荷(标记在图 10－3 中)和电子密度差分(图 10－4)，在四种模型中，Si/C 封端模型(图 10－4a)中 Si—C 界面原子之间电荷转移更显著。可以推测，在四种模型中，Si/C 封端原子构型将产生最强的界面键合作用。前述黏附功 W_{ad}的结果也表明，Si/C 封端界面模型具有最大的 W_{ad}(7.288J/m^2)。因此，Si/C 封端界面具有最强的键合作用这一推测与前述黏附功的结果也是一致的。

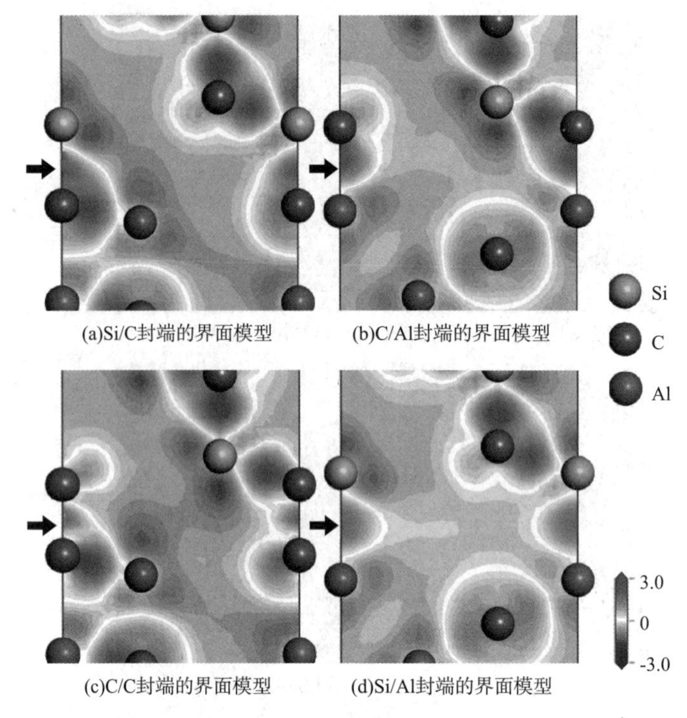

图 10-4　四种 SiC(111)/Al_4C_3(0001)界面模型(110)平面的电荷密度差分云图

（电荷密度单位：e/A^3，箭头表示界面位置）

10.3.3　界面薄弱位置

在上述四种 SiC(111)/Al_4C_3(0001)界面模型中，Si/C 和 C/Al 封端的两种界面模型所具有的黏附功更高。因此，可以预期这两种模型具有较高的界面结合强度。为了更全面地考察这两种 SiC(111)/Al_4C_3(0001)模型的界面强度，进一步研究了 Si/C 和 C/Al 封端界面模型的界面薄弱位置。

首先，假设两个界面模型均将沿五种不同的平面(cl1 ~ cl5)解理分离。对一个界面解理分离需要外界施加能量，在理想条件下，单位面积上所需施加的能量可在一定程度上看作是解理能。解理能的大小与所切断的原子键数目密切相关，因此，选择这五个不同解理面的依据正是考虑到沿这些平面切割所需切断的原子键数目较少。

对于 Si/C 封端的界面模型，解理面位于 SiC(111)和 Al_4C_3(0001)的第 1 -1 层、SiC(111)的第 2 ~3 层和第 4 ~5 层、Al_4C_3(0001)的第 2 ~3 层和第 4 ~5 层之间。

对于C/Al封端的界面模型，解理面位于SiC(111)和Al_4C_3(0001)的第1－1层、SiC(111)的第2～3层和第4～5层、Al_4C_3(0001)的第3～4层和第5～6层之间。为简便起见，将这些解理面分别用c11～c15表示(如图10－5所示)。

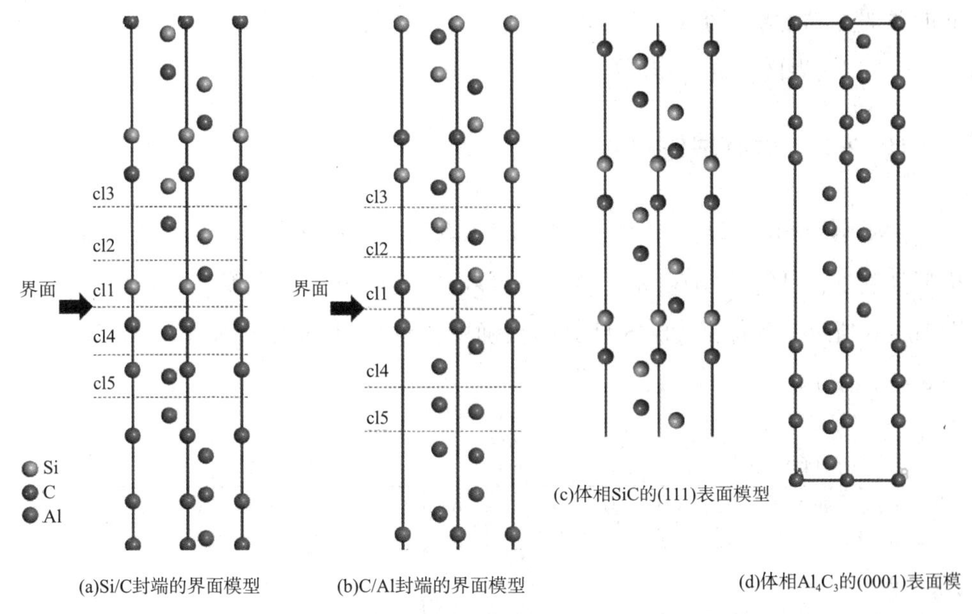

图10－5　SiC(111)/$A1_4C_3$(0001)界面模型的五个不同解理面(cl1～cl5)

为了估算分离界面所需的可逆功，沿不同上述五个不同解理面计算W_{ad}，计算结果列于表10－4中。

对于Si/C封端的界面模型，沿cl4面[Al_4C_3(0001)的第2～3层之间]解理将产生W_{ad}的最小值(1.98J/m^2)；而对于C/Al封端的界面模型，沿cl5平面解理[在Al_4C_3(0001)的第5层至第6层之间]将产生W_{ad}最小值(1.89J/m^2)。该结果表明：对于两种界面构型，薄弱点始终位于Al_4C_3(0001)侧。据此可以得出结论，在外力作用下，SiC(111)/Al_4C_3(0001)界面更易于在Al_4C_3(0001)侧发生断裂或解理分离。

表10－4　Si/C和C/Al封端的SiC(111)/Al_4C_3(0001)界面在不同解理面上的黏附功(W_{ad}，J/m^2)

界面封端类型	解理平面				
	cl1	cl2	cl3	cl4	cl5
Si/C封端	7.29	7.64	7.55	1.98	6.45
C/Al封端	6.98	7.29	7.48	6.57	1.89

此外，通过比较 Si/C 封端和 C/Al 封端的两个界面模型的薄弱点，Si/C 封端模型倾向于沿 cl4 平面解理断裂，其黏附功为 $W_{ad}=1.98 J/m^2$；而 C/Al 封端模型更倾向于沿 cl5 平面解理断裂，其黏附功为 $W_{ad}=1.89 J/m^2$，可见，Si/C 封端界面的薄弱点黏附功高于 C/Al 封端模型，不难推测：Si/C 封端界面上的键合作用比 C/Al 封端界面的键合作用更强。

10.3.4 界面成键机制

为了阐明 SiC(111)/Al_4C_3(0001)的成键机制，以充分弛豫后的平衡态界面构型为基础，计算了 Si/C 和 C/Al 封端界面模型的分波态密度(PDOS)，结果如图 10-6 所示。为保证 PDOS 计算的精确度，PDOS 计算中所使用的 k 点均设置为 24×24×1。

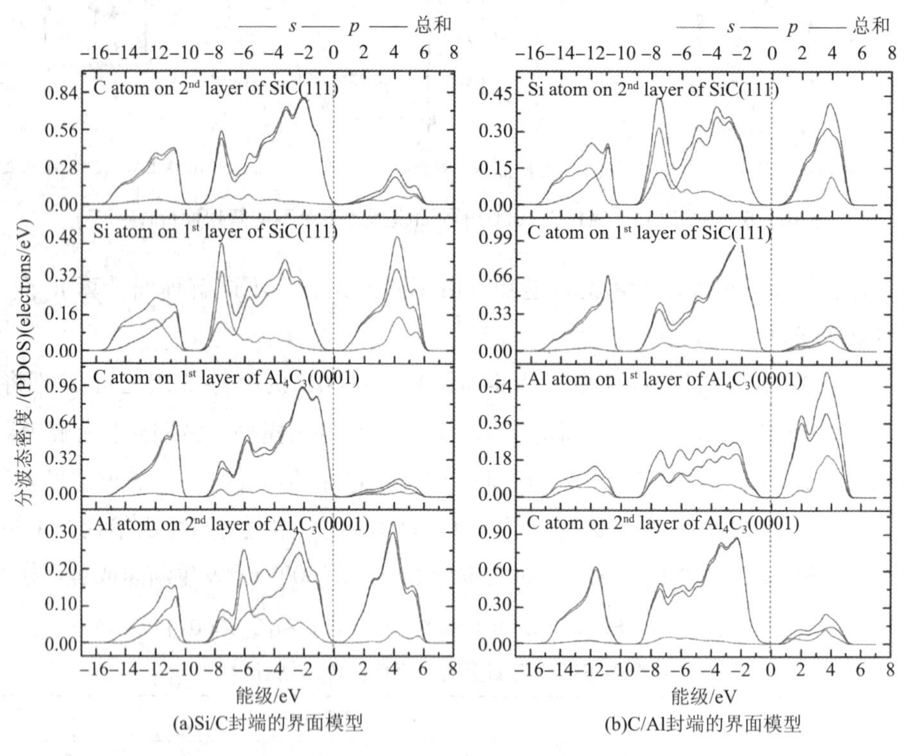

图 10-6 顶位堆垛 SiC(111)/Al_4C_3(0001)界面模型的 PDOS 曲线

根据图 10-6 中界面 PDOS 曲线，可作出以下解释和讨论：

(1)对于 Si/C 封端的界面模型，在 -5.8 ~ -2.1eV 能级范围内存在 Si-$3p^2$、

C－$2p^2$ 和 Al－$3p^1$ 之间的轨道杂化。在－6eV 附近，存在 Si－$3p^2$、C－$2p^2$ 和 Al－$3p^1$ 的轨道杂化。在－7.5eV 附近，可以看到 Si－$3p^2$、C－$2p^2$ 和 Al－$3p^1$ 之间的轨道杂化。对于－14～－10eV 附近的能级，轨道杂化作用主要存在于 Si－$3s^23p^2$、C－$2s^2$ 和 Al－$3s^23p^1$ 之间。

(2)对于 C/Al 封端的界面模型，在－6～－2eV 能级范围内，C－$2p^2$、Al－$3p^1$ 和 Si－$3p^2$ 存在明显的轨道杂化；－7.4eV 附近，可以看到 C－$2p^2$、Al－$3s^23p^1$ 和 Si－$3s^2$ 之间存在轨道杂化现象。在－15～－10eV 能级附近，C－$2s^2$、Al－$3s^23p^1$ 和 Si－$3s^23p^2$ 之间存在轨道杂化作用。

对于两个界面模型的第 1 层的原子来说，(即 Si/C 封端界面模型中的第 1 层 Si 原子和第 1 层 C 原子，或者 C/Al 封端界面模型中的第 1 层 C 原子和第 1 层 Al 原子，如图 10－6 所示)，其原子间 DOS 曲线共振峰的讨论可以归纳如下：

(1)在 Si/C 封端的界面模型中(图 10－6 中 a)，Si 原子－7.6eV 能级附近的共振峰值为 0.48e/eV，主要来自 Si－$3s^2$，C 原子－2.2eV 能级附近的共振峰值为 0.96e/eV，主要来自 C－$2p^2$。

(2)在 C/Al 封端的界面模型(图 10－6 中 b)，C 原子－2.2eV 能级附近的共振峰值为 1.01e/eV，主要来自 C－$2p^2$；Al 原子－2.5eV 能级附近的共振峰值为 0.27e/eV，主要来自 Al－$3p^1$。

此外，从第 1 层原子的 PDOS 曲线中获得的信息如表 10－5 所示。

表 10－5 Si/C 和 C/Al 封端的 SiC(111)/Al_4C_3(0001)模型中界面原子的 PDOS 特征

界面模型	能级/eV	电荷主要来自的轨道
Si/C 封端	－5.8～－2.1	Si－$3p^2$，C－$2p^2$
	约－5.8	Si－$3s^2$，C－$2p^2$
	－14.4～－10.7	Si－$3s^23p^2$，C－$2s^2$
C/Al 封端	－6.0～－2.1	C－$3p^2$，Al－$3p^1$
	－8.5～－6.0	C－$3p^1$，Al－$3s^23p^1$
	－15.0～－10.5	C－$3s^2$，Al－$3s^23p^1$

综上所述，可以得出：

(1)两种不同封端的界面成键存在一个共同特征，即界面成键主要来自浅能级(高于－6.0eV 以上)的 p 轨道杂化(对于 Si/C 和 C/Al 封端的界面模型，分别是 Si $3p^2$－C $2p^2$ 和 C $2p^2$－Al $3p^1$ 杂化)。而在较深的能级范围内(低于－6.0eV)，

s 轨道将愈加显著地参与杂化作用(对于 Si/C 封端的界面模型，主要是 Si－$3s^2$ 和 C－$2s^2$ 轨道；而对于 C/Al 封端的界面模型，主要是 C－$2s^2$ 和 Al－$3s^2$ 轨道)。

(2)对于 Si/C 封端的界面模型，界面成键作用主要来自－5.8～－2.1eV 能级范围内的 Si $3p^2$－C $2p^2$、－5.8eV 能级附近的 Si $3s^2$－C $2p^2$、－14.4～－10.7eV 能级范围内的 Si $3s^2 3p^2$－C $2s^2$ 电荷相互作用。

(3)对于 C/Al 封端的界面模型，界面成键作用主要来自－6.0～－2.1eV 能级范围内的 C $3p^2$－Al $3p^1$、－8.5～－6.0eV 能级范围内的 C $3p^1$－Al $3s^2 3p^1$、－15.0～－10.5eV 能级范围内的 C $3s^2$－Al $3s^2 3p^1$ 电荷相互作用。

此外，通过比较 Si/C 封端界面模型中的 Si—C 原子对与 C/Al 封端界面模型中的 C—Al 原子对的 PDOS 曲线，可以发现 Si—C 原子对的电子局域化比 C—Al 原子对更加明显。可以推知，相比于 C/Al 封端模型的界面成键，Si/C 封端模型的界面成键更强，该推论与前述论点也是一致的。

10.3.5 外延生长讨论

在顶位堆垛的 SiC(111)/Al_4C_3(0001)界面模型完全弛豫之后，Si/C 封端和 C/Al 封端的界面模型中均存在 Al_4C_3 可在 SiC(111)衬底上外延生长的证据。如图 10－5 所示，观察上述两种界面模型的原子构型，并与体相 SiC(111)和 Al_4C_3(0001)的原子排布规律进行比较，可以明显看出：在两种模型的界面位置处，仍然倾向于继续保持 SiC 和 Al_4C_3 的体相原子排布规律，尤其是碳原子的排布规律。这意味着，作为一种 SiC 与金属基体反应之后形成的金属间化合物，Al_4C_3 能够以外延生长的方式依附于 SiC 表面生成，并最终形成具有顶位堆垛 Si/C 和 C/Al 封端的 SiC(111)/Al_4C_3(0001)界面。

考察 Si/C 封端和 C/Al 封端两种模型的界面键长，其结果也与上述结论一致。对于 Si/C 和 C/Al 封端的界面模型，界面键长分别为 1.867Å 和 1.959Å，非常接近于体相 SiC 中 Si—C 键长(1.886Å)和体相 Al_4C_3 中 Al—C 键长(1.933Å)。因此，界面处能够在保持共格性的前提下，仍然保留既有的原子排布规律，从而印证：Al_4C_3 可以在 SiC 表面上以外延生长的方式生成。

参考文献

[1]Jafari M, Zarifi N, Nobakhti M, et al. Pseudopotential calculation of the bulk modulus and phonon dispersion of the bcc and hcp structures of titanium [J]. Physica Scripta. 2011, 83(6): 65603.

[2]Pozzo M, Alfe D, Amieiro A, et al. Hydrogen dissociation and diffusion on Ni - and Ti - doped Mg(0001) surfaces[J]. Journal Of Chemical Physics. 2008, 128(9): 94703.

[3]Isaev E I, Simak S I, Abrikosov I A, et al. Phonon related properties of transition metals, their carbides, and nitrides: A first - principles study [J]. Journal of Applied Physics. 2007, 101(12): 123519.

[4]Jahn Atek M, Kraj Ifmmode Check C Else V C Fi I M, Hafner J. Interatomic bonding, elastic properties, and ideal strength of transition metal aluminides: A case study for Al_3(V, Ti)[J]. Physical Review B. 2005, 71: 24101.

[5]Kittel C. Introduction to solid state physics[M]. 8th ed. Hoboken: Wiley, 2005: 680.

[6]Fisher E S, Renken C J. Single - Crystal Elastic Moduli and the hcp→bcc Transformation in Ti, Zr, and Hf[J]. Physical Review. 1964, 135: A482 - A494.

[7]Lambrecht W R L, Segall B, Methfessel M, et al. Calculated elastic constants and deformation potentials of cubic SiC[J]. Physical Review B. 1991, 44: 3685 - 3694.

[8]Karch K, Pavone P, Windl W, et al. Ab initio calculation of structural, lattice dynamical, and thermal properties of cubic silicon carbide[J]. International Journal of Quantum Chemistry. 1995, 56(6): 801 - 817.

[9]Li J. Transformation strain by chemical disordering in silicon carbide[J]. Journal of Applied Physics. 2004, 95(11): 6466 - 6469.

[10]Benzair A, Bouhafs B, Khelifa B, et al. The ground state and the bonding properties of the hypothetical cubic zinc - blende - like GeC and SnC compounds[J]. Physics Letters A. 2001, 282(4 - 5): 299 - 308.

[11]Ziambaras E, Schr Oder E. Theory for structure and bulk modulus determination[J]. Physical Review B. 2003, 68: 64112.

[12]Li Z, Bradt R C. Thermal expansion of the cubic(3C) polytype of SiC[J]. Journal of Materials Science. 1986, 21: 4366 - 4368.

[13]Feldman D W, Parker J H, Choyke W J, et al. Phonon Dispersion Curves by Raman Scattering in SiC, Polytypes 3C, 4H, 6H, 15R, and 21R[J]. Physical Review. 1968, 173: 787 - 793.

[14] Silicon carbide(SiC)[M]. Landolt – Börnstein New Series: Numerical Data and Functional Relationships in Science and Technology, Ullmeier H, Heidelberg: Springer, 2001: Group Ⅲ, 41A1a.

[15] Yang Y, Lu H, Yu C, et al. First – principles calculations of mechanical properties of TiC and TiN[J]. Journal of Alloys and Compounds. 2009, 485(1 – 2): 542 – 547.

[16] Ahuja R, Eriksson O, Wills J M, et al. Structural, elastic, and high – pressure properties of cubic TiC, TiN, and TiO[J]. Physical Review B. 1996, 53: 3072 – 3079.

[17] Dunand A, Flack H D, Yvon K. Bonding study of TiC and TiN. I. High – precision x – ray – diffraction determination of the valence – electron density distribution, Debye – Waller temperature factors, and atomic static displacements in $TiC_{0.94}$ and $TiN_{0.99}$[J]. Physical Review B. 1985, 31: 2299 – 2315.

[18] Gilman J J, Roberts B W. Elastic Constants of TiC and TiB_2 [J]. Journal of Applied Physics. 1961, 32(7): 1405.

[19] Christensen A N. Temperature factor parameters of some transition – metal carbides and nitrides by single – crystal x – ray and neutron – diffraction[J]. ACTA CHEMICA SCANDINAVICA SERIES A – PHYSICAL AND INORGANIC CHEMISTRY. 1978, 32(1): 89 – 90.

[20] Chang R, Graham L J. Low – Temperature Elastic Properties of ZrC and TiC[J]. Journal of Applied Physics. 1966, 37(10): 3778 – 3783.